敬！我們的

貴婦奈奈 × 創意料理主廚，從 12 個精采人生慢燉出的暖心料理

美味人生：

蘇陳端（貴婦奈奈）

滕有正（尤金）　著

作者序
貴婦奈奈

敬我們的美味人生

這本書是一個非常大膽有趣的企畫，雙作者，結合料理，不是交換日記，是要在餐桌上暢談朋友們的人生大事。

因為堂弟的關係認識有正，他們是從小一起長大的好朋友。四年前的某一天，堂弟丟給我有正的「食分之七」部落格連結，點入這個男孩寫的料理食譜部落格，再浮出來已是兩個小時後（其他大事都放著沒做）。我幾乎看完他所有文章，不得不誇讚這人真會寫，文章真有料，長得真有型！他很會做菜也很會說故事，很少讀過這種以中文寫著美式幽默的句子，這是他獨一無二的的文字特色。

有正的每道創意料理都能跳出傳統的框架，一一拆解料理的原型，把難做的中式大菜（如佛跳牆、蜜汁火腿）用易懂有趣的方式做出來。他曾做了一半油飯，中途轉了彎變成油飯口味的西式燴飯。「我照著油飯的食譜開始，怎麼後來會變成『油飯出國留學嫁給外國人生出來的孩子』的模樣？當我把香菇水倒進炒好的乾貨和肉絲裡時，看著那醬汁咕嚕咕嚕冒泡的樣子，我突然聽到『淋在飯上把它吃了』的聲音，那瞬間，我彷彿被吸進一個黑洞，失去自己的意志，當我回過神時，它就變成了那副燴飯的模樣，真是一個很奇妙的體驗。」

我想起之前在 TLC 看《帥哥廚師到我家》（Take Home Chef）時，有個美麗的太太問帥哥廚師 Curtis Stone：「你們怎麼會知道這個和這個煮在一起會很美味？難道是天生就有這樣的能力嗎？」Stone 說：「當然不是的，我當了好幾年的廚師，累積好多料理經驗，大腦裝著好幾種味道的記憶，當我嚐到一種味道，腦中自然會浮現可以和它搭配的食材，嗯，這樣搭應該很不錯，不是因為天生的條件，而是靠多年的練習和經驗。」能用味道的記憶迸出創意，幾年來的廚藝訓練，有正儼然已具備大廚的條件。

看著有正的部落格，腦中浮現「好想吃」的念頭，於是想了一個兩全其美的方式：跟有正合作一本書吧！接下來的問題就是如何把這樣的結合賦予一個正當的理由。

我們有著相似的背景，都在中年轉行，我從大學老師轉戰電視圈，再走入作家行列；有正從廣告公司跨界成了廚師，後來還創業當了餐廳老闆。跳的都是截然不同的領域，都算勇敢躍入未知的世界。

而這類轉行經驗也經常出現在我朋友們的生涯裡。

比如我的好友小妲，社會心理系畢業後進入蘋果日報社會版，認真的學習態度讓她一路升到副組長，養了 Bibi 後無師成了瑪爾濟斯通，今年更創業開了寵物教養托兒所 BiBiQ。比如我的好友 CPU，景觀設計的背景，當媽之後創了 CIPU 媽媽包，目的是減輕媽媽們的負擔，讓媽媽們在與孩子相處的任何時刻都能更輕鬆、更快樂。比如我以前的學生俞方，有想法，文筆又好，能寫詞也能寫小說，在網站上貼了自己填詞的作品後意外受到鄔裕康老師的青睞，被挖角進入他的團隊，一待就是十年，現在又轉行芳療工作。又比如我兩年前的健身教練 Leo，當初聯考分數不上不下，聽父母的建議，填了看似穩定的師範學院。大四那年，健身房崛起，台北市一下湧入好幾家大型健身中心，就在同學們忙著寫教案進小學當實習老師的時候，喜愛運動的他決定先當兵，在部隊裡瘋狂鍛鍊身體，退伍後便帶著自己身上的成品順利進入大型連鎖健身中心當起教練。一開始工時很長，早上受訓，下午到深夜十二點都在健身中心工作，但卻一點都不覺得累，他說：「能從事喜愛的運動又能賺錢，已非常幸運。」透過健身工作認識各式各樣的人脈，有金主也有貴人，沒多久便有貴人投入資金，擁有自己的健身房。

除了這些，我身邊還有好多學非所用、中年轉行的朋友們，我決定把他們找來一起來參與這個「餐桌上的人生」企畫。他們的工作都曾是我好嚮往的行業，像歌手、彩妝師、飾品設計師、廣告創意人、時尚雜誌編輯、娛樂記者、服飾賣家和公關……也有我很想了解但這輩子恐怕無法進入的行業，像醫師、動物溝通師或工程師……透過採訪，介紹他們的工作內容，分享如何進入他們的領域以及在該領域裡快速成熟的方法。

我以女主人（或女主持）的身分邀請他們作客，點一道自己喜歡、想學或有意義的菜，交給我們的大廚有正料理，好好款待他們，慰勞他們曾經那麼努力、那麼精采的過去。除了餐桌上的故事之外，書裡額外增加了兩位（沒上餐桌）朋友的故事。

看別人的故事，彷彿走一遭別人的人生，獲得別人的獲得。

十二個故事，十二種面對人生的智慧。

作者序

滕有正

人生請盡情任性

我有個朋友形容我是「人生沒什麼限制的人」，回想我至今的工作履歷，如果用「任性」來形容我確實也無法回嘴。大學畢業後的頭幾年我很迷惘，經歷活動公司、教英文、公關和廣告，四年換了四份工作不說，還換了個國家，最後竟然還以廚師的身分回國，這是我在二十六歲前從來沒想像過的工作職稱。

在我走上餐飲路之前，我曾和朋友成立過一個中文的撲克網站「玩撲克」（playpoker.com.tw），兩人投入三千多美金，七個月後獲利七十四元台幣，於是關站止血，得到的最大收穫是讓我養成了寫作的習慣，開了第一個以「素人自學廚藝」為主題的部落格。

之後又想研究股票投資，看完一堆書後，開始做假想的紙上交易，三個月下來慘賠四成的預設資金，再加上每天研究那些數字真的很無聊，發現自己沒有投資天分真的是太好了。

既然找不到人生方向，那還是先去當業務存點錢吧，我去應徵了洛杉磯時報副刊的廣告業務，面試到第三輪時，面試官問了這個問題：「如果給你一百萬元，你要做什麼？」，我不假思索地說：「我會去廚藝學校，然後開一家餐廳吧！」，面試官以：「我感謝你的誠實，但我想聽到的答案是你會用這筆錢轉投資去賺更多錢，你對金錢的渴望不夠，不適合這份工作。」結束了那場面試。

真是一語驚醒夢中人，原來我內心深處最想做的是開餐廳啊！不親口講我還真的不敢面對。很快地，一個星期後就發生了「廚藝學校觀摩變註冊」事件，如果這段經歷是部電視劇的話，旁白一定會用低沉的聲音說：「殊不知，這是一場精采冒險的起點……」

我想我這段「迷走後的自我尋找」歷程，本書的各個主角多少都能體會，很開心能透過這本書認識這麼多同樣「任性」走上自己所選道路的人，但仔細一看，在那表面的任性之下，隱藏的其實是挑戰跨越舒適圈的決心，以及對自己所產生出無可動搖的信念，也希望我們的故事，能夠給也正處於自我探索階段的你一些靈感，端出加了自己獨特風味的美味人生。

目錄　CONTENTS

HELLO

滕有正，
型男主廚的
美味人生

半路廚家

早上九點進公司，先打開信箱收信，再開啟一連串的報表和簡報，接下來一整天就是埋首在電腦螢幕前和各式文件交戰，這曾經是我每天的工作內容，一個在洛杉磯廣告公司上班的上班族。

當時的我並不是個很快樂的人，不斷輪迴在一樣的工作內容中讓我感到很疲憊，常常工作到一半，就會不自覺仰望窗外的天空發呆，總覺得人生不應該就只是這樣而已，感嘆完再回到電腦螢幕上玩網頁遊戲，邊玩邊感到空虛、寂寞、覺得冷。

於是為了讓自己的生活有點改變，我培養了一個新的興趣——做菜，還找了一個非常優秀的啟蒙老師「Google」。現在自學做菜很方便，網路上不但找得到各式各樣的食譜做法，有些甚至還有影片教學，光靠上網就能找到非常多的知識與技巧，我很快就沉溺在每天搜尋、閱讀和試做料理的生活模式，最後更加入記錄美食的行列，開了一個美食部落格。

從此，每天上班，腦中想的不再是星期幾要交什麼報告，而是今天回家要做什麼來吃？我該去哪找上次在電視上看到的「羅勒番茄麵」食譜？上次失敗的「檸檬烤雞」為什麼皮吃起來都不脆……每天思索料理的結果，就是一個小小念頭逐漸在心中萌芽：「不知道去廚藝學校學做菜會是什麼樣子？」

就這樣過了將近半年，Google 教會了我怎麼拿刀、炒蛋、煮高湯等基本功，然而，料理是一個學海無涯、永無止盡的領域，我也開始收集名廚食譜和名廚自傳，心中只想著要學習更多、懂得更多、做得更多。

其中，真正帶領我認識餐飲界內幕的兩本書是名廚 Thomas Keller 的 *The French Laundry Cookbook* 和安東尼波登的《廚房機密檔案》，前者是被譽為美國當代最偉大廚師之一的米其林三星餐廳食譜書，裡面提到的技巧和知識，讓我簡直無法相信食物竟然可以有這麼多變化，每一道菜的擺盤都像是藝術品般精美，也讓我看到一個廚師如何利用一道道不同的菜色，來向世人展現他的創意、信念和世界觀，像是大海上最自由的人一樣。

波登的書更有趣，他利用幽默的文筆把廚師這個職業鉅細靡遺地描述出來，讓頹廢廚師變得像是搖滾巨星一般，充滿激情、挑戰和一種祕密社會般的存在。這兩本書雖然牽扯的是兩個完全不同的廚房生態，但是書裡的一字一句都讓我想去廚藝學校的想法越發茁壯，直到它變成了我無法再忽視的一頭猛獸，我才故作輕鬆安排了一趟行程，去洛杉磯最有規模的「法國

巴黎藍帶」學校「看看」他們有提供什麼樣的課程。

不知是負責接待我的業務太厲害，還是我想學做菜的心情太強烈，總之，原本帶著閒逛心情去的我，不知為何開始做起了入學考的測驗，測驗完去了學貸部和財務顧問討論學生貸款，最後還和就業顧問討論了畢業後就業的問題。結果，踏出校門時，我已經從參觀者變成個註冊完畢的「準新生」，糊裡糊塗開啟了人生一個全新的章節。

巴黎藍帶廚藝學校

廚藝學校開課第一天，走進教室，大約有十五個同學，每個人都穿著嶄新的全白廚師服，站在不鏽鋼桌前沉默不語。在我左邊的是個高中剛畢業的小胖子，講話很有喜感。右前方是即將退休的護士阿姨，之後想開個小餐館，另外還有英文不太好的沉默墨西哥大叔、打算繼承家裡餐廳的義大利男生、一個大學念不下去的白人女大生……同學的種族、年齡、背景都非

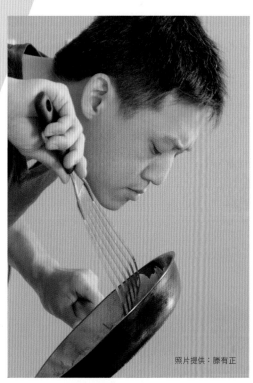

照片提供：勝有正

常不同，唯一的共同點，就是大家都對接下來的課程充滿不安。

上課時間一到，個子矮小但壯碩無比的波爾大廚走了進來，聲音宏亮地向大家問好，我們的第一課就這樣開始了。波爾大廚曾當過無數餐廳的顧問，在業界的人脈很廣，除了教課以外，他也是我們的就業顧問，在學校裡身兼數職。

第一個學期的廚藝基礎，每天固定從切菜開始，不停不停地切菜，一天九十分鐘，一個星期五天，要讓學生充分習慣手上握著菜刀的感覺。除了刀功，還有各種烹調理論、歷史和食材的教導，而其中最重要的項目之一，就是衛生安全管理，必須在學期結束前取得衛生安全執照才能繼續升級。

學期進行到一半，雖然連火都還沒碰過，但是我知道我必須更深入了解這個行業才行，於是在列出想去實習的餐廳名單後，找了波爾大廚諮詢。聽完我的計畫，波爾大廚突然像個師爺般從袖口抽出一本記事本，拿毛筆在舌頭上蘸了兩蘸，找出我名單上每個餐廳的聯絡人電話，成功完成就業協助的任務。

因為波爾大廚的牽線，我順利進入了加州料理名店 Campanile，成了每個周末上兩天班的無薪雜工。Campanile 是擁有二十多年歷史的老店，曾獲選過美國餐飲界最大獎 James Beard Awards 的年度最佳餐廳，而且許多洛杉磯知名大廚的起點都是這間餐廳，說是名廚搖籃一點也不為過，可惜它已在 2013 年歇業。

我在那裡總共待了八個周末，就像電影或小說的情節，我經歷了洗生菜、削馬鈴薯、剝珍珠洋蔥這類入門技巧的洗禮，不過這種機械式的單調內容反而更加激勵出我想繼續往上爬的決心。結果在某個月黑風高、本該清閒的星期日晚上，竟然湧進了像星期六晚上才有的人潮，我以廖化般的姿態被抓進流水線上幫忙，成功推出我第一盤賣錢的沙拉，正式躋身專業廚師的行列。

在接下來的兩個月，我就過著平日早上上班，晚上上課，周末去餐廳實習，一個星期工作七天的熱血生活，瘋狂燃燒自己的小宇宙，這種不斷挑戰自己極限的結果，就是有時會進入一種兩眼無神、嘴巴微張，完全無法控制的放空模式，這時廚藝學校反而成了我唯一能放鬆的場合，這全虧了喜感十足的基礎廚藝老師——楚大廚的幫助。

楚大廚嚴格說起來不算是個廚藝高超的人，但是對於鼓勵學生、提升學生對料理的興趣卻很有辦法，每個人端去給他評分的作品無論好壞，第一句永遠是：「That looks great! Good Job!」不過這也很可能只是在應付學生而已吧，有時很難從他吊兒郎當的眼神中猜出他到底在想什麼。

但是每當我在下課後有任何問題，不論是課堂相關或是在餐廳實習時遇到的困難，他都會很認真地坐下來和我討論，然後再拿一些他以前在餐廳工作時的故事來當作案例分享，詳盡地為我解答有關於轉行的所有問題，楚大廚算是幫助我規畫未來廚業藍圖的最大推手。

進廚藝學校三個月後，我下定決心辭去廣告公司的工作，也順利找到在洛杉磯郡立美術館中的新餐廳，由知名餐飲集團 Patina Restaurant Group 打造、洛杉磯知名新銳主廚 Kris Morningstar 領軍的 Ray's Restaurant & Stark Bar。

從一個坐在電腦前工作的上班族變成了下班渾身油煙味的廚師，是一種恍如隔世、但又令我發自內心感到快樂的人生轉變。

職業人生

「兩分鐘後我要一份鵪鶉和一碗芹菜湯。」「Yes, Chef!」「五桌對堅果過敏，菇蕈餃不要放榛果。」「Yes, Chef!」「肉丸到底還要多久？」「Yes , Chef! 還要三十秒 Chef!」

這是在廚房工作時的日常對話，和辦公室內安靜的鍵盤敲打聲相比，緊湊熱鬧多了。在廚房工作後，我學到的第一件事，就是不能漠視墨菲定律的存在。如果備料時來不及把某配料準備好，第一張點單上一定會有需要那個配料的菜！假設木柴烤爐的火開始弱了，加新木柴又要等四分鐘溫度才會夠，接著就一定會連出好幾道要用木柴烤爐的點單，常讓我產生一種無語問蒼天的焦慮感。

我學到的第二件事，就是當你手上有傷口時，在上面撒鹽巴其實沒有想像中的痛，最痛的是檸檬汁。

我廚師生涯的第一位主廚，是 Ray's & Stark Bar 的執行主廚 Kris Morningstar，他是個凡事都要控制，廚房內不論大小事都不能遺漏的強迫症型大廚，他罵人的分貝不低於地獄廚房主廚 Gordon Ramsey，喜歡把人逼到無法思考自己工作台以外的任何事情，只能不斷在心裡重複當下的任務：「干貝做完，唐辛子下油鍋，順便熱醬，趁空檔開六顆生蠔淋醋上菜，唐辛子和醬差不多熱好，擺盤上菜，沙丁魚要四分鐘後才出菜，最後做。」

除了有強迫症外，Kris 也是個過動兒，他很容易厭倦自己設計出來的菜色，幾乎是兩天一小修，五天一大改，在我任職的十個月中，光是牛排的配菜就換過不下二十次，有時是鹽烤馬鈴薯，不然就是炸洋蔥圈配藍黴起司，或者炭火烤過的韭蔥。我還記得番茄季節時我負責冷盤，兩個星期內番茄沙拉就改了四種做法，總之，他就是個創意源源不絕的出世奇才。

Kris 在我廚師生涯裡扮演了非常重要的角色，雖然他脾氣火爆，算不上是個心靈導師，但是他對料理的執著和創意，深深影響著我自身的料理觀，他的幾道招牌菜，像是改良版的墨西哥辣椒釀肉，用羊奶起司、墨西哥臘腸和椰棗乾來取代墨西哥起司，酸甜鹹辣，好吃極了，是我這輩子也忘不掉的好味道。

這份工作讓我在很短的時間內獲得了很高的經驗值，也灌輸我許多前衛的食材組合創意，如番茄水加日式白醬油、酪梨醬清配鰤魚生魚片、炸豬五花配西瓜等等，常讓我感覺就像是剛從井底爬出來的青蛙一樣，發現原來料理的世界是如此遼闊無邊。

我跟的第二個主廚是 Quinn Hatfield，他的店 Hatfield's 在 2008 年的洛杉磯米其林評鑑裡獲得了一顆星的評價，LA Time's 在 2014 年還評選它為洛杉磯前七十五大餐廳的第十四名，是洛杉磯非常知名的法式加州料理名廚。在 Hatfield's 工作，準確度是王道，不論是時間控制、刀功尺寸、醬料比例，一切都有規格，而且每天備料的量都必須抓得很準，備太多或備太少的結果通常都是等著挨罵，不過這時我已有了一年的廚房經驗，挨罵早已是家常便飯，不再像當初剛入行被罵時會緊張到發抖，耐罵度變得奇高無比。

Quinn 主廚基本上跟 Kris 是同一型的人，暴怒起來給人他隨時都要中風的感覺，但是和被餐飲集團聘任的 Kris 不同，Quinn 是主廚兼老闆，所以這裡對食材成本的控管遠遠嚴格於 Ray's，我也因此接觸到了另一種以成本至上的廚房管理模式。

而兩個主廚最大的不同在於他們的料理世界觀，Kris 喜歡用奇珍異果，最好是一年產季只有兩個星期的夢幻逸品，再用各種瘋狂的口味組合來呈現，然後沒幾天又會改變那道菜的做法，去他的店裡吃飯很少會吃到相同的菜色，他的料理主軸是「驚奇」。

Quinn 比較純樸，他喜歡用大家熟悉的食材，但是只使用品質最好的當季食材，再用較傳統的法式手法呈現， 他的兩大招牌菜「鵪鶉蛋庫克太太三明治」（搭配炸吐司、鰤魚生魚片、帕瑪火腿）和「三十六小時慢燉牛小排」（搭配歐芹薯泥和炭烤時蔬），據說從開店以來已經八年沒動過了，Quinn 的料理主軸是「熟悉的美味」。

能夠跟著這兩個風格各異的名廚學習是件極度幸運的事，在這將近兩年的時光裡，我從一個外行人蛻變成能獨當一面的廚師，而每天和一群有著同樣熱情、講著相同語言的人朝夕相處，也帶來了許多其他行業無法體會到的歸屬感，我想，我找到了一生的志業。

黎明來臨前的黑暗

在 Hatfield's 工作時，身邊突然出現幾個對開餐廳有興趣的朋友來找我「談生意」，自認在 Ray's 學到料理創意的邏輯、又在 Hatfield's 學到成本控管的技巧，攻守兼備的我一定穩當，再加上剛過三十歲生日，好像也到了該創業的年紀，於是我又再一次毅然離職，去追逐開店這個夢想。

殊不知，這是我踏入人生低潮期的第一步。

離職後的生活，是每天待在自家廚房不停地研發和實驗，然後等待合夥人們來試菜。幾個股東每個星期都會碰上幾次面，反覆地試菜和開會，但是在這些聚會中，我常會感覺大家在經營的理念上，其實存在著些許的不和諧，而這其中的差異，之後也慢慢地隨著時間增長，到最後我們便因為目標不合而拆夥。

於是無業了兩個半月後，我又走到了一個新的人生岔路，是該回去高級餐廳繼續工作，還是放手一搏去尋找下一個開店機會？經過幾天的深思熟慮之後，我選擇了後者，於是我打包行李，踏上回鄉的旅途，往台北前進。

剛回台灣時，學成歸國總是要秀一下，頭幾個星期沒事就在為親戚朋友或潛在投資人下廚而做準備，搞得我每天背著菜刀、提著菜籃在台北街頭遊蕩，也被朋友謔稱為台版的「帥哥廚師到我家」。我做過統計，在回台灣的前兩個月裡，我去過十一間不同的廚房做菜，每天瞎忙到不可開交。但現實是，這些做菜活動並沒有任何經濟效應，而這時的我也已經半年沒有

收入，再這樣下去只能去賣血了，我只好重拾大學畢業後的第一份工作──兒童美語教師。

幸運的是，我身邊一直都圍繞著許多支持我夢想的親戚和朋友，在當英語教師的期間，他們也介紹了不少工作機會給我，讓我的這段蟄伏等待期，還能有餬口的方法。除了教英文外，我還接過幾場外燴、在廚藝教室教做菜、出席過兩場彩妝記者會當廚師來賓，雖然這和當初回台時想像的生活不太一樣，但是各式各樣的活動倒也還算有趣。

不過經濟上捉襟見肘還不是最難過的事，「我是不是選錯人生道路了」這個問題才是讓我每天都要吃安眠藥才能入睡的主要原因，尤其是在臉書上看到以前餐廳的同期裡，有的升上二廚進入了餐廳的核心團隊，有的進到更知名的米其林三星店繼續進修，大家的職業生涯都在持續往前進，而我卻只能坐在場邊觀賽，這種深沉的懊悔感，一個人一生嚐一次就夠了。

但是雙面人哈維丹特說得好，「黎明來臨之前總是最黑暗的」，在我感受到無比沮喪的時刻，我竟然在漫畫《妙手小廚師2》裡找到了我在追尋的答案。這部料理漫畫有個核心訊息，就是當一個廚師只要能忠於自我的料理觀，用心去創造料理，就算只是經營著一間小食堂又何嘗不可，日本最厲害的料理人為什麼不能只開一間「日之出食堂」？

這個領悟就像是一間渾沌的密室突然開了一扇窗般，讓我連呼吸都感覺更順暢了一些。頓時，我對去夜市擺攤這個想法充滿了信心，一道道適合在夜市販售的小吃菜色如跑馬燈般在我腦中滑過，各種想法寫滿了好幾面的筆記紙，還立下了遠大的志向，決心要創造一個前無古人後無來者的夜市品牌。

很奇妙的是，在移開心裡那塊大石頭後，原本停滯的餐廳計畫也開始動了起來，不但在短時間內找到一組新的合作團隊，從規畫到裝潢到開店更是只花了三個月的時間就搞定。 於是

在經過十六個月、五組投資人、總做菜廚房數十八間之後，多年以來的目標，一個能讓我發揮的舞台終於成型，展開了一個新挑戰——Drip Café 好滴。

處女作 ——
Drip Café 好滴

好滴開幕時整間店的工作團隊只有七個人，一開始的生意也不算太好，雖然每天的營業額都有在成長，不過來客數從一天二十一人變成二十八人真的不是什麼了不起的成就。這種緩慢的成長讓我們不敢多請員工，於是我又再次回到一個星期工時八十小時的生活，早上九點進店備料，十一點半開始營業，除了全天供餐，還要輪流洗碗一直到晚上九點廚房休息，之後再將近一個小時的盤點和打掃，最後再開會檢討當天的工作內容，一種要把生命之火燃燒殆盡的概念。

每天半夜下班回家，洗完澡，吃點東西後就直接回房睡覺，連看電視的力氣都沒有，有時還會因為刷鍋子刷到肌肉疲勞過度而半夜抽筋痛醒。還記得店裡請到洗碗工的那天，我和二廚兩人相擁而泣，開心得流下了四行清淚，每次吃員工餐時，都會先確定阿英有吃到，深怕他餓著了。

還好這份辛苦並沒有無限延伸，開幕三個月後，松菸商圈逐漸成形，好滴順勢搭著「松菸美食圈」的話題，得到各類媒體的露出宣傳，生意量隨之成長，店裡的員工也慢慢增加，我緊繃已久的神經總算得到解放，半夜也不再抽筋了。

很快地，媒體效應讓好滴的知名度達到「引爆點」，來客量就像是打了類固醇般急速成長，每天訂位電話接到差點要請一個工讀生專門接電話。不過生意差有生意差的困境，生意好也有生意好的痛處，店裡有限的座位數容不下暴增的來客數，漫長的候位時間不斷地挑戰著客人的耐性以及員工的 EQ，因為等太久而怒罵員工的事件幾乎天天上演，更不用說因為顧及不了所有客人而產生「服務差」的客訴。如此沉重的壓力常把店裡的計時員工逼到瀕臨崩潰，離職率居高不下，讓初期的好滴隨時處在人手不足的窘境。

慢慢地，店裡的工作人員終於開始穩定下來，廚房裡我也不需再事必躬親，於是我脫下了廚師服，開始學習服務和經營。經營面說實在不難，買書看就學得到很多眉角，但是服務面，那真是個難度等級 S 的任務，要學會怎麼讓自己的心情不隨著客人的情緒起舞好難，剛開始我也常常被逼到要去後巷踢牆壁，深深體會到做外場 EQ 真的很重要。

有時回想起這五年的變化，從剛拿到學校廚師服在家裡試穿的緊張模樣，到現在可以淡定的跟客人互動，高低起伏的落差像是漫畫劇情一樣曲折，雖然每次遇到難題的當下都會產生痛不欲生的壓力，卻也總能安然度過，至於接下來還會碰到什麼樣的挑戰？我還不知道，不過我很期待。

番茄羅勒麵

這是新式義菜名廚 Scott Conant 的招牌菜，有別於傳統紅醬的濃郁，這道菜非常清爽，而且材料簡單，步驟也不多，我第一次做就深深為它著迷，到後來每幾個星期就要做一次解饞，身邊的朋友幾乎都吃過一次，讓它在不知不覺中也成了我的招牌菜。

我的版本在番茄醬汁裡多加了洋蔥，麵條也改用一般的直麵，而非原食譜的雞蛋麵，最後的調味則是加了淺色醬油（生抽），醬油的鮮味和番茄很合，也不會讓紅醬的色彩變得過於黯淡。

1. 取一大鍋（A 鍋），煮一鍋滾水，另外準備一盆冰水備用。

2. 番茄去皮時，先在番茄底部用刀輕劃十字，丟進滾水裡，直到番茄皮開始龜裂（約 15 秒）。番茄起鍋後馬上丟進冰水裡冰鎮，以免果肉煮熟。煮完蕃茄後，A 鍋裡的水就可以倒掉了。

3. 去皮後，把番茄去蒂，接著橫剖，把果肉中間的膠狀芯和籽挖出，留著備用。

4. 在 A 鍋裡倒入橄欖油，用中、小火把洋蔥炒至軟化但不上色（約 5 分鐘）。洋蔥剛下鍋時可放一小撮鹽，會加速洋蔥水分的釋出。

5. 同時，取另一中鍋（B 鍋），再煮上一鍋滾水，水滾後加入大量鹽巴（鹹度應和海水差不多），這是稍後煮麵用的鹽水。

6. 當洋蔥軟化後，加入番茄，邊炒邊用木勺把番茄碾碎，轉小火繼續熬煮約 40 分鐘，至番茄果肉分解，變成醬汁的稠度即可關火。如果中途醬汁收得太乾，可把一開始備用的芯和籽過濾後倒入，或是加進一些水去補充水分。

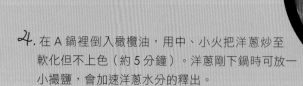

食材

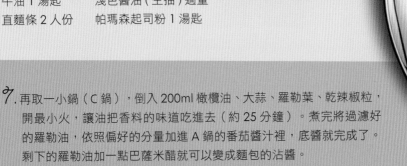

大番茄 3 顆　　　　橄欖油 230ml　　　　小洋蔥 1/2 顆，切丁
大蒜 5 瓣　　　　　羅勒葉 1 大把　　　　乾辣椒片 1 茶匙
牛油 1 湯匙　　　　淺色醬油（生抽）適量
直麵條 2 人份　　　帕瑪森起司粉 1 湯匙

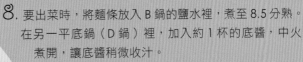

7. 再取一小鍋（C 鍋），倒入 200ml 橄欖油、大蒜、羅勒葉、乾辣椒粒，
　開最小火，讓油把香料的味道吃進去（約 25 分鐘）。煮完將過濾好
　的羅勒油，依照偏好的分量加進 A 鍋的番茄醬汁裡，底醬就完成了。
　剩下的羅勒油加一點巴薩米醋就可以變成麵包的沾醬。

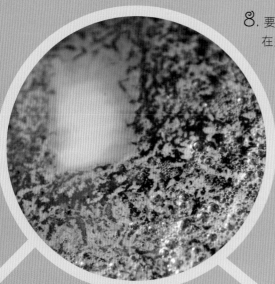

8. 要出菜時，將麵條放入 B 鍋的鹽水裡，煮至 8.5 分熟。
　在另一平底鍋（D 鍋）裡，加入約 1 杯的底醬，中火
　煮開，讓底醬稍微收汁。

9. 將麵條和大約 1 湯匙左右的煮麵水，加進 D
　鍋的底醬裡，煮麵水的作用和太白粉水相同，
　水裡澱粉質會讓醬汁較為濃稠。當麵條完全裹
　上醬汁且熟透後，加進 1 湯匙的牛油。

10. 在牛油完全融入醬汁後，關火並加進
　　切絲的新鮮羅勒、帕瑪森起司和醬油
　　調味。

11. 盛盤後可再灑上一點切絲羅勒。

史茵茵，愛唱歌的哈佛碩士
變身療癒系歌手

歡慶熱鬧的西班牙海鮮燉飯、
味道很有深度的玉米海鮮湯

「茵茵想吃什麼？」
「我想吃西班牙海鮮燉飯。」

人與食物的關聯

一個人喜歡什麼料理，往往和他的性格或價值觀相呼應，仔細一想，就會發現之間巧妙的關聯竟有那麼一點同性相吸或物以類聚的道理，難怪日本作家會想到用肉食和草食把人分成兩種類型。

西班牙海鮮燉飯是西班牙有名的大鍋飯，有些尺寸大到不可思議。

照片來源：wikipedia

西班牙緊鄰地中海域，因此使用唾手可得的豐富海鮮（魚、蝦、花枝、貝類）當主菜。這是一道把人聚在一起的歡樂料理，也是西班牙人節慶聚餐常煮、家裡團圓常見的家常便飯，裡頭藏著一種華麗高檔的食材──番紅花。

番紅花可說是世界上最昂貴的香料，大約一百六十朵番紅花才能收集到一克的紅色雌蕊柱頭，要趕在日出前人工採摘完成，才能避免枯萎失去價值，採收後還要馬上乾燥脫水才能分級售出。

因為稀有番紅花的加持，西班牙海鮮燉飯升級變身低調的貴族。

番紅花也分等級，只採最上面紅色柱頭的是最高等級 Sargol，帶有柱頭紅色以及一點黃色部分的是第二高等級的 Pushal，一半紅色一半黃色的則是第三等級 Rio，只採黃色部位的是最低等級的 Dasteh!

西班牙海鮮燉飯做法並不輕鬆，常讓一些人打退堂鼓，放棄不煮，有些廚師收到燉飯的點單也會倒抽一口氣。它必須耐著性子把生米炒成熟飯，不停翻攪，盯著鍋子看，視情況慢慢加入一勺又一勺的高湯拌炒，還得時時注意控制火候，維持鍋子溫度不高不低、拌炒節奏不快不慢，才能讓米均勻受熱、均勻熟成。過程繁瑣，一刻都不能鬆懈。

當你決定耐心投入這場細火燉煮的過程後，一定可以成就一道華麗又經典、人人迷戀的料理。

想像認真翻炒米飯的樣子實在很適合形容摩羯座茵茵的執著，她對每件事總是這麼專注努力，總是這麼低調華麗，總能吸引一群人歡樂相聚，就像這道西班牙海鮮燉飯。

一見鍾情也適用友情

貝克漢說，當他第一眼在 MV 上看到辣妹合唱團時期的維多利亞，就認定她是自己未來的伴侶。而維多利亞也在足球明星卡中一眼看上貝克漢，認為他是全隊最好看的球員。好浪漫！我跟茵茵的故事也是這樣開始的。

七年前，2008 年 6 月 6 日，當年最紅的節目超級星光大道安排一場非藝人的踢館賽來和星光幫歌手 PK，茵茵出現在 PK 選手當中。那是我第一次聽史茵茵唱歌。當她開口唱出 <Everything> 的第一句歌詞，我便愛上她的聲音，這不是普普通通就能唱好的一首歌，開頭的低音要夠穩才能展現實力，要鐵肺才能撐住長音的那口氣。

「史茵茵，哈佛大學教育研究所畢業，曾在歌唱比賽中打敗楊宗緯，現在是獨立創作歌手。」

主持人這麼介紹茵茵出場，那一刻在現場或

在電視前面的觀眾一定跟我一樣張大嘴巴。我帶著一連串的問號和一大堆好奇聽她唱歌，究竟是什麼理念和內在聲音的支持，讓這位出類拔萃、從北一女一路念到台大外文系，最後頂著夢幻的哈佛教育研究所學歷歸來的女生，在 2007 年毅然決然認定歌唱是她的使命，是這輩子註定要走的志業？

節目結束後，我開始 Google 史茵茵的故事。當年關於茵茵的報導和採訪不多，只能從她的個人網站和友人的部落格略知一二，不過倒是很輕易就找出她參加過的歌唱比賽和試鏡時清唱的影片。越搜尋越讓人驚豔，電視節目上這首 PK 歌曲只表現出她一半的實力，她能駕馭音樂劇、流行樂、爵士和福音歌曲，語言橫跨中英日粵台（現在也走在法文的路上）。

我把搜尋來的史茵茵全紀錄寫在部落格，點點滴滴鉅細靡遺到連身邊朝夕相處的好友們都問我：「原來妳跟史茵茵這麼熟！」我直說：「我不認識茵茵啊，認識的話怎可能不跟妳說？」「但妳看起來對她瞭若指掌！」

網路世界就是這樣，只要打上史茵茵，按下搜尋引擎，就會出現好多相關報導和文章，就像輸入貴婦奈奈，連我的履歷表都查得到，即使有些小錯，也沒人想求證，我也以這種自以為的角度寫著我搜尋來的史茵茵，寫著我對她的投射和想像。

奇蹟就在自己身上

透過歌唱，透過部落格，有一天，我竟收到茵茵的來信（我的追求不是夢）。接著我們交換作品，參與各自的演唱會和簽書

會，也常相約聚會，因為某些相似的背景、許多相同的興趣、理念和信仰讓我們很快就靠得很近。越認識茵茵便越覺這女孩真是稀有的存在，也越證明了，我文章裡的想像與投射，正確度高達百分之七十，剩下沒說的百分之十是她的童年經驗，另外的百分之二十是她那超乎我想像的自我要求和堅毅（至今她依然嚴格要求自己在表演上和生活上無愧於心地卯足全力，也難怪後來我們見面的招呼語都是：「幾點睡？睡得好嗎？肩膀好痠痛……」

從小乖巧的茵茵自律甚嚴，功課、交友、生活秩序完全不需人擔心（非常適合自由工作者的特質），這是容易分心的我最缺乏也最崇拜她地部分，在我眼中她就是人生勝利組，我曾怯怯的問自己，若不是在這種年紀、這個時候相遇，我跟茵茵可能變成朋友嗎？絕對沒交集吧！

「你交朋友通常主動還是被動？」我問。

「被動。」茵茵說。這麼巧，我剛好是主動派，只要我夠主動，還是有機會當茵茵的朋友囉，哈哈哈哈哈。（事實也真的是我先在部落格表白啊。）

唱歌帶來的改變

屬於舞台的人通常都有種與眾不同的魅力，茵茵的外型絕對吸引目光，實力完全 hold 得住全場，每次看她表演時的輕鬆自在（尤其爵士音樂和福音歌曲更是鬆到要飄起來的程度），總以為她天生習慣人群、自由奔放。

You want to see a miracle? Be the miracle.

—— 王牌天神 (Bruce Almighty, 2003)

「我是非常內向的人，不太出門，有點社交恐懼，在陌生人、甚至同學或親戚面前，總是不敢表達，做什麼都不自在。唯一覺得喜歡且開心的事就是唱歌。我常常拿著遙控器站在櫃子上唱歌，透過早熟的歌詞和心酸的旋律盡情宣洩情緒。我一直想改變自己害羞閉俗的性格，所以在高中時聽了哥哥的建議，參加人生第一次歌唱比賽，很幸運地得了第一名，同年又參加寶麗金歌唱比賽，得到銀獎（第二名），那個比賽讓我得到出小 EP 的機會，像明星一樣拍了宣傳照，也得到寶麗金唱片的合約。」

好佩服茵茵的行動力，更羨慕她有個哥哥當推手，有意無意逼出自己的實力。（我高中只敢調戲男生，不敢參加這類比賽。）

家庭成員的影響

茵茵的媽媽是師大音樂系畢業，哥哥唱聲樂，史爸爸是醫生，聲音非常好聽，我腦中想像茵茵家每天的生活就像音樂劇，說說唱唱，每個人出場都有專屬的背景音樂。先天音樂基因的遺傳、後天音樂環境的薰陶，再加上她求好心切的自我鞭策（小時候長期宣洩情緒的歌唱練習），實力絕對無庸置疑。

可惜，高中時，茵茵年紀還太小，史爸爸史媽媽不希望女兒太早接觸演藝圈，覺得複雜。茵茵接受爸媽的建議（真的很乖），心想反正未來一定還有機會，便收心回到校園念書，考上台大外文系。「其實當時能這麼乾脆離開是因為有點被演藝圈嚇到，出唱片的個人資料體重被寫成四十七公斤，實際上是五十五公斤，拍宣傳照時造型師也流露出朽木不可雕也的眼神。」現在的茵茵笑著談這件事，但我想那對一個害羞且在乎自我形象的高中生打擊應該頗大。「我曾為此極度節食導致停經半年。之後我決心再也不節食，傾聽身體的聲音，夠了就不再吃。」

「上大學後，我依然不斷參加歌唱比賽，卻不再出現與演藝圈接觸的機會，直到畢業前夕的那場歌唱比賽，我拿到一張製作人的名片，告訴我如果有興趣可以到他們公司聊聊。我去了，跟另一位製作人談，那位製作人一見到我就說，妳二十二歲，年紀太大了，如果十八歲我就簽妳。當時我還沒機會思考未來就業的問題，就先被宣告歌唱這條路不能走。當時的我沒有勇氣推翻他的話，沒有勇氣相信自己也許還有其他方法可以繼續我喜歡的歌唱之路。我的心像玻璃一樣被震碎，卻因為好強，不想被看出我很受傷，不想承認失望，於是又回到安全的、我最擅長的領域讀書，繼續升學，反正出國念書也是我的夢想。很快地，我便順利申請到心目中的第一志願。」

事情總是一體兩面，是光環也是包袱，是壓力也是助力

「第一次離開家到了國外，我的社交恐懼症好像被治癒了，個性變得自由奔放，非常盡情地享受快

樂的留學生活。沒料到回到台灣後是一個全新考驗的開始。

前三個月，我一直面臨丟履歷找工作石沉大海的情況，我開始懷疑是不是自己在美國學的沒有用，是目前台灣並不需要的，好不容易找到了三個工作都只做三、四個月，就因為公司營運出現問題或學校經費不足而終止，內心很徬徨、很挫折，難過自己念了哈佛碩士卻淪落打工仔的窘境。

終於，我得到了一份公部門的新聞工作，內容是我擅長的外文和寫作，對我來說如魚得水，但上班時間又長又無聊，於是我開始參加派對，也舉辦派對，認識好多好多不同世界的人，朋友甚至說：『茵茵可能認識台北市一半以上的人吧。』我也彷彿從這些人脈中得到一些表面的自信。就這樣過了幾年，有點厭倦這樣的生活，雖然接觸的人多，但跟每個人的互動只停留在表面，沒有更深的交流，對工作也沒有太大的熱情，我知道那不是我想做一輩子的事，加上跟史媽媽的衝突越來越多，史媽媽不能接受小時候那個乖乖女長大後變成社交女王，天天都在外面玩。於是我開始反省人生的意義是什麼，我的目標在哪裡？忽然聽見心裡有個聲音說，我還是喜歡唱歌。」

兜兜轉轉過了十幾年，再次想起歌唱帶給自己的愉悅。

內心真實的滿足與快樂是支持一個人燃燒自己、發揮熱情的關鍵

茵茵身邊沒有從事流行音樂相關的朋友，想唱歌，該怎麼進入這個圈子呢？

生命的樂趣在於看似谷底卻充滿驚喜，洞口雖小，亮點卻如此明顯。套句這幾年的

流行語：當你認真想做某件事，全宇宙都會集合起來幫你。當這股想唱歌的念頭興起，走到哪都有訊息告訴你：你可以來這裡。偶然的機遇下，茵茵報名參加一個百老匯音樂營活動，接著又在一場藝文活動中拿到一張歌唱比賽的傳單。「我回台灣後雖然還想繼續參加比賽，卻發現每個歌唱比賽都有年齡限制，必須二十四歲以下，而那個比賽完全沒有年齡限制，我便很開心地去比賽了。」

那個歌唱比賽是一個卡拉OK機的宣傳活動，沒有唱片合約。茵茵在那個比賽與其他相當厲害的高手過招後得到第一名，接著各式各樣的演唱邀約便開始出現。

「到餐廳駐唱的機緣很妙，有次朋友在餐廳辦生日會，請我唱兩首歌，鍵盤老師聽了覺得不錯，便問我想不想在那裡駐唱。後來幾次幫朋友在其他地方代班演唱，也循序漸進成為那裡的駐唱歌手。」

除了在飯店駐唱，茵茵也跨界報名試鏡，主動爭取音樂劇角色的演出機會。幾年下來，公演的機會越來越多，被更多人看見也被更多人認識，甚至長達六年擔任王力宏世界巡迴演唱會的專屬和音（和音天使來來去去，只有茵茵是固定班底）。

時代慢慢改變，什麼年紀出道已不是問題

隨著 Youtube 上的高人氣點閱，轉入歌手身分的茵茵耕耘兩年半就得到金曲獎傳統藝術類最佳演唱獎提名，這是好大的支持與鼓勵。幾年來的磨練和成熟，使她的位置站得比以前更高，也有不少與唱片公司簽約的機會，但她依然繼續扮演獨立歌手的角色，堅持自己的風格，穩穩地做自己喜歡的事，自己出唱片、自己辦演唱會、只上少數與上帝相關的節目訪談，不求更多娛樂新聞的曝光。如陶子姊說的：「我們一直找妳，妳都不出來，擁有一身武藝卻隱身江湖。」她真的好低調，低調到我差點錯過聽她唱歌的機會。

聽心裡的聲音，走喜歡的路

進入演藝圈可以擁有更多的資源，接到更強大的代言，賺更多錢；另一方面可能得妥協、交換、犧牲自己的理想生活，或與暗黑的炒作、莫名的流言對抗。衡量自己的想要和需要之後，茵茵選擇低調地在自己熟悉的領域中表演、收益。

茵茵想起：「有次出國工作，史爸爸在機場用宏亮的聲音叮嚀我：『不要賺太多錢喔！』當時覺得好笑，後來回想起這句話格外有意思。想起之前朋友分享保羅‧匹夫在 TED 的一場演講，主題是：財富讓人變得更壞？越有錢越無情？說起他過去曾做過的研究結論：『當個人的財富越多，憐憫心和同理心會同時降低，對頭銜的欲望和自身利益的關心則增加。』我也提醒自己，不要為了追求財富而看不見自己喜歡的本質。如同《路加福音》耶穌的提醒：『要謹慎自守，免去一切的貪心，因為人的生命不在乎家道豐富。』」

高低起伏的大大小小事件累積出生命中不平凡的精采，從挫折與反思中慢慢找到自己的目標，堅定自己的方向，走出自己的路。

學習的祕密武器

茵茵有套自己的學習方法。她很聰明，很快就能抓到重點，事後又能精準整理歸納問題。就像她童年學唱歌，先從模仿開始，觀察歌星們的一舉一動、一字一句，精準完整地輸入自己的大腦後，再唯妙唯肖一套不漏地表演出來。表演、再表演，一遍又一遍。學外文也一樣，茵茵的多國語言能力驚人，英日文都是能流利溝通討論事情的程度。現在還繼續進修法文。「我很喜歡外文，很喜歡聽也很喜歡模仿。」先專心聽外國人說話的咬字與音調，模仿、練習、再練習，然後結合自己的特色，轉化成自己的能力和魅力。

後來，茵茵迷上料理，方法無他，一樣模仿、學習、再練習。

用這道低調高貴的西班牙海鮮燉飯送給：堅定信仰、追隨心中價值去努力的天使，史茵茵。

愛唱歌的音樂智慧

音樂天分高的人，對聲音的反應比一般人更靈敏，聲音包括旋律、音頻、音準以及說話的發音咬字等等，音樂智能高的人總能將各種聲音精準複誦，再生傳播。茵茵的音感天分肯定比一般人突出。

還有研究指出，歌唱得好聽的人通常人際溝通能力較好。

音感好的人聽覺敏銳，能調整自己的聲音跟上音準和節拍，能透過聲音能量辨識對方的情緒，較能同理對方。與別人對話時也能適當調整自己的聲音（大小聲）、控制情緒。這類型的人通常擅長傾聽，能調整自己的角度去理解對方的心情；經常走音或唱歌不在音準上的人大部分缺乏傾聽的能力，也較易曲解別人的意思，相對溝通技巧也較差。

因此推論：「唱歌好聽的人，通常人緣也好。」主要理由就在於高傾聽與高表達。

人際關係的經營一部分要付出與同理，另一部分得靠自我要求與覺察，客觀地跳出來檢視自己與他人互動的狀態，看得見自己的盲點。唱歌也一樣，要清楚覺察自己哪裡需要修正，更要常檢視自己的聲音才能一直進步。

唱歌跟作研究一樣，是件了不起的功課。茵茵在哈佛學到的教育哲學絕不會作廢，習得的智慧會在表演或創作中應用出來，學教育的人，更能掌握唱歌技巧的精髓。

西班牙海鮮燉飯

這道食譜的做法和傳統的西班牙海鮮燉飯稍有不同，算是介於義式燉飯和法式燉飯之間，不過只要好吃，哪一國其實也不那麼重要。

番紅花是海鮮燉飯的重要材料之一，不過這種高級食材可不是隨便就買得到，這時就可以利用超市賣的罐裝調味料，有時它們蘊含的成分就有你在找的獨特香料，省錢又省事！

食材

長梗米 350 克	雞高湯 1200 ml	紅椒 1 顆	西班牙海鮮調味粉 2 湯匙
墨魚 1/2 隻	蝦 5 隻	干貝 3 顆	蛤蠣 5～7 顆
半熟淡菜 5 顆	檸檬 1 顆	巴西里 1 小撮	白酒 150ml
洋蔥 1/2 顆			

1. 把西班牙海鮮調味粉倒進高湯裡，然後再處理食材：洋蔥切丁、紅椒切丁、檸檬切角，巴西里切末。

2. 墨魚先把身體跟腳拔開，接著抓住耳朵往旁邊撕，把皮全部撕光。墨魚皮撕掉後，往身體裡摸，會摸到一片像是塑膠一樣的軟骨，把軟骨抽出來，接著再把內臟給擠出來，裡外沖洗乾淨。最後將身體切成 0.8 公分左右的環，一半現用，另一半下道菜用。

3. 干貝從中劃開成一半的厚度，蝦子去殼和蝦腸。

4. 鍋中倒入一點油，中火炒洋蔥丁至洋蔥軟化呈透明狀（約 5 分鐘）加進紅椒再炒 2 分鐘。

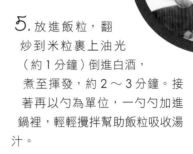

5. 放進飯粒，翻炒到米粒裹上油光（約 1 分鐘）倒進白酒，煮至揮發，約 2～3 分鐘。接著再以勺為單位，一勺勺加進鍋裡，輕輕攪拌幫助飯粒吸收湯汁。

6. 在放進大約 4 勺後，就可以開始試吃米粒嚐熟度。假設你喜歡吃的米粒硬度是 10 分熟，那在試吃米粒時感覺到 7 分熟的時候，再放最後一勺湯，同時放進海鮮，不論像散壽司狀均勻鋪著，或是擺放射狀都可以。

7. 蓋上鍋蓋，小火燉煮約 8 分鐘，或至飯的表面看不到湯汁為止。

8. 最後再關火悶約 5 分鐘，出餐時撒上巴西里和放上檸檬角就完成了。

玉米海鮮湯

一樣的海鮮食材，
同場加映做成味道非常有深度與高度的馬賽風玉米海鮮湯。

食材

水 1500ml	洋蔥 1/2 顆	玉米 1 顆
番茄 2 顆	墨魚 1/2 隻	蝦 5 隻
干貝 3 顆	蛤蜊 5～7 顆	半熟淡菜 5 顆
番茄糊 1 大匙	巴西里 1 小撮	白酒 150ml

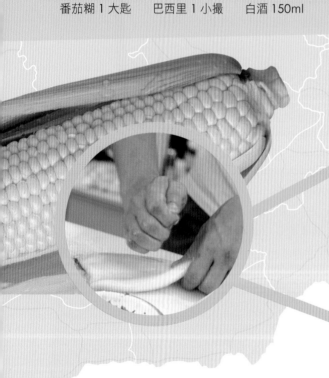

1. 先將洋蔥切絲分成 2 等分、番茄去籽切絲，玉米把玉米粒從芯上切下，芯也留著備用。

2. 蝦子去殼去蝦腸，蝦殼留著備用。干貝對半片開，和做海鮮燉飯時的墨魚環放在一起，放進冰箱備用。

3. 鍋中倒一點油，中火炒一半的洋蔥至軟化且呈透明狀（約 5 分鐘），加進一半的番茄拌炒 1 分鐘，再加進蝦殼炒 2 分鐘至蝦殼變色全紅。

4. 加進番茄糊拌炒至所有食材都裹上一層番茄糊，加進水和玉米芯，大火煮滾，煮滾後調小火燉 30 分鐘，或至玉米和蝦殼的味道煮進湯裡為止。高湯煮好後備用。

5. 一樣鍋中倒入一點油，中火炒一半的洋蔥至軟化且呈透明狀（約 5 分鐘）加進玉米拌炒 2 分鐘，加進剩下的番茄再拌炒 3 分鐘。

6. 加進高湯，大火煮滾，煮滾後調小火，陸續加進海鮮，先是蛤蠣，煮約 1 分鐘後，放進墨魚，煮 1 分鐘，最後放蝦、干貝和淡菜，再煮 1 分鐘。

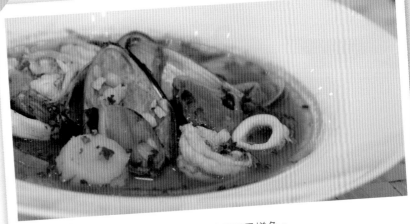

7. 起鍋前加鹽調味，盛盤時可撒一點巴西里增色。

29

費莉莉，拿金牌當飾品的
串珠飾品設計師

外脆內軟的香煎丁骨牛排、
極上起司漢堡排

費莉莉，童話公主般的本名，美式帶辣的帥氣打扮、舉手投足的東瀛氣質，加上古典仕女般的長相，數十年如一日稱職地 Keep 住外表的光鮮亮麗，自己就是莉莉混搭術中最獨一無二的作品。

我問莉莉老師喜歡吃什麼，
她毫不猶豫地說：「我最喜歡吃肉。」
「丁骨牛排與漢堡排，今晚妳要哪一道？」
「都來吧。」

姊就是霸氣！這就是我喜歡的，豪邁的，台灣原創串珠飾品設計師費莉莉。

吃貨二人組

總以為纖細的美女設計師吃不多，或以草食居多，但莉莉老師就是有本事完全推翻我的假設，她是我難得遇上胃袋容量與我相當的女漢子，我們可以一個晚上邊吃邊聊，菜一道一道地點，點到店家打烊。有這樣的夥伴、隊友（比老公還給力），總能吃到菜單上所有想吃的食物。連出版社的尾牙都能一起吃到最後，當大家敬酒喝到茫茫離場時，我們仍優雅地，冷靜地，坐在位置上，吃。

愛吃的人往往會走上愛煮這條路（愛煮的人通常也都懂吃），我和莉莉老師就是愛吃也愛煮的人。這天，我們約在有正店裡一起煮飯、一起用餐。

「會做菜的男人真的很やさしい（很體貼）。做菜的過程其實跟做設計很像，要先了解每種食材的特性，看著眼前的食材，想著怎麼混搭才能看起來漂亮、吃起來美味，每道菜都是一個作品。」看著有正迅速流暢地削著馬鈴薯皮。我忍不住問：「有正，我想知道你的刨刀哪裡買？看起來好好用！」「這個？市場買的，十幾塊而已。」不可否認，大師用的道具看起來都好神奇，好吧，我忽略大師的手藝藏著看不見的多年苦練，神奇的是大師的手藝，不是道具。

莉莉老師的料理也像飾品設計。

說起牛排和漢堡排,這兩道菜看似很易上桌、很易討好老爺和小孩胃口的美式家常料理,我總以為不需技巧,反正不就是開火把肉煎熟就好?但我煎了幾次牛排、做了幾次漢堡排,就是不軟嫩、不多汁、不好吃,到底是調味出問題?還是做法出問題?好想做出鮮嫩多汁的牛排和漢堡排!好想端出一盤氣場強大、簡單卻讓人哇哇大叫的料理。

非常期待上菜這天,已經準備一百零八個問題來請教有正大廚。

主婦的 OS:大師用的所有工具都想買!

「選什麼部位的牛排才好吃?」
「要怎麼看才知道煎了幾分熟?」
「我不喜歡吃薯片或薯塊,我想要一整顆馬鈴薯切開那樣,還要鬆軟好吃。」
「總覺得馬鈴薯很難熟透,有沒有廚師的私房技巧?」
「我的漢堡排吃起來好柴,何解?」
「老公愛吃炸薯條,我想知道有沒有好吃的薯條做法?」

宇宙牽起有緣千里

我和莉莉老師的緣分是出版社牽的線。我
們同是圓神出版社的作者，七年前（2008
年）受邀出席費莉莉老師的水晶串珠手作飾品
新書發表會。當年的我不懂穿搭，沒有戴飾品
的習慣，不會化妝，髮型更是一團糟（天啊，好
羞愧，怎麼好意思自稱貴婦奈奈）。很土的以為串
珠就是隨處可見的手工藝（請 Google 串珠便明白），
把一顆一顆珠珠串成一條條的幸運手環那樣，興趣缺
缺。但我竟會想要並且答應出席費莉莉老師的新書發表
會。

莉莉老師送我的戒指

到了現場，環視場中那些華麗精緻的飾品，讓我眼界大開，
這是串珠嗎？如果這是串珠，那我以前認識的串珠是什麼？腦中所有的驚嘆號像煙火般炸開！好
美！好特別！我在現場中忍不住開始採購。

我張大眼睛拿著這枚戒指喜出望外地看著莉莉老師，這是我人生中好戲劇性的一個 moment（不是
因為獲得買一送一或再來一個），她讀出我的震驚，睜大眼回應我，似乎知道我有個故事要衝出口。
宇宙之間肯定有種無法解釋的能量在悄悄運作，為什麼我想參加這場活動？為什麼莉莉老師挑這個
禮物送我？我是不是被宇宙某個靈感觸動，特別前來與這個禮物相遇？

兩年前，我把最喜歡、最幸運的一顆白水晶送給老賴。這水晶從十八歲就在我身上，水晶會隨著光
線折射七彩光暈，耀眼得讓人無法不注視，於是便不斷有人過來點點我的肩膀問：「不好意思打擾

我送老賴的項鍊

妳，請問這是什麼做的？」書店、車站或百貨公司櫃位上，就這
麼神奇，所以希望這顆白水晶一定一定要幫老賴帶來好人氣（追
求者）。果不其然，它好快便如願幫老賴帶來好緣分（交往至今
近十年）。現在這塊白水晶鍊墜已經傳到下一個又下一個需要好
人氣的人手上。目前這塊白水晶的下落不知去向，也許有天會到
你手上，不知道會不會回到我手上。

不可思議，老天竟透過莉莉老師的手，回送我五片一模一樣的白
水晶！原來，老天不曾遺忘，更不會虧待樂於付出的人，必定得
到更多回報。

莉莉老師聽完這故事，用非常日劇的經典表情回應：「我很高興我是命運安排的那個人，我真的挑到最適合妳的禮物！」

那天之後，我成了莉莉老師的忠實顧客，每個月都會臨檢莉莉老師的工作室，搶購未上架的新品，預訂還躺在工作桌上的半熟品。半寶石的價格親切又好搭配，我的飾品櫃裡有好多老師的作品，她的設計總能讓我驚嘆：「妳怎麼想得到這樣做！」每個作品都發揮一加一大於二的效果，有兩到三種的面貌，可當長項鍊、可當短項鍊，還可當手環，可拆開戴，也可以疊在一塊，這些全是外面買不到的創意。

認識莉莉老師之後，我開始想用飾品好好裝扮自己。後來我外型上的改變某部分肯定跟認識莉莉老師有關。

有實力
夢想不必二選一

「小時候最想當老師。我很愛讀書、很喜歡寫書法，年年都是前三名的模範生，也是各科小老師，唯一的缺點是身體很弱，是全校唯一早上升旗典禮唱完國歌就可以自動進教室的學生，因為通常唱完國歌後我就會暈倒了。但很意外，小三下學期我

竟然被老師挑去練柔道，就這樣一路練，練到三個月後參加台北市比賽得了冠軍，半年後晉級全國比賽又得冠軍，就這樣一路到大專盃、區運，得到超過一百面金牌。柔道生涯就這樣持續了十三年，直到學校畢業退休。」細看莉莉老師纖細有型的腿部和手臂線條，知道妳的過去很精彩（有練過），但從文弱書生走到柔道金牌常勝軍，這麼厲害的一面還是讓我好震驚，這背後付出的是超乎想像的努力！這個愛漂亮的小女孩，加入柔道隊後，完全不顧練習和比賽時帶給自己散落在雙腕、雙肘、右肩、腰、雙踝、左右腳小趾右腳大拇哥的傷，當時目標只有一個，就是「拿冠軍」。

「我很感謝小時候當選手的經驗，比賽和訓練的學校生活讓我的性格變得很強韌，也讓我養成努力朝目標不斷前進的執著。十三年的選手生涯，讓我了解到，沒有永遠的冠軍，也沒有永遠的敵人，想戰勝自己，只有面對真誠的自己，不斷努力。這些想法和習慣也被我帶到現在的設計工作裡。」聽著聽著，我忽然理解自己為何總喜歡跟熱愛運動的朋友在一起（我的伴侶也是運動愛好者），不是因為他們身材姣好，也不是因為他們總是贏得很帥，而是他們願意投入大量時間持久練習，加上超有魅力的堅毅以及那股不輕易放棄的戰鬥力，吸引我的崇拜與認同。

LILYFEI 台灣飾品
設計師品牌提供

「我的靈感常常像火山爆發一樣，跑得比我做得速度還要快，每次只要看到可以做成飾品的素材，腦中就會蹦出幾十種款式，好想馬上開始設計。」常常一動手便是好長一段時間不吃不喝不拉不睡，一點都不會累。「作書的時候也停不下來，一個星期熬夜沒回家，一天真的只睡一小時，好像也沒洗澡，書稿交了以後瘦了五公斤。」真的好拚！但也只有沉浸過熱情之中的人，才能體會樂在其中的高端感受。當你專注投入（inter）到最高點（est）的時候，這件工作就是你最瘋狂的興趣（interest）了。

手作帶來的改變

若工作有趣，那你的人生至少有一半的時間都會很有趣。——日劇リアルクローズ（real clothes，翻成真我霓裳或時尚女王）。

「結束選手與學生生涯後，先進入廣告公司當廣告業務三年，從廣告人脈中再轉入國際服裝品牌擔任主管一年，負責展場陳列、採購、銷售，任何跟業績有關的工作，後來老闆想做別的事，我也剛好嫁給日本人直接變身「美黛子」（台語：沒代誌）。」莉莉老師說，那段在服裝品牌工作的經驗裡，幫自己或模特兒穿搭是每天最有趣的部分。後來的發展就像每個品牌故事的開場那樣，「我一直很喜歡手作，小學就會用媽媽的裁縫車改造衣服或做包包那樣的飾品，進入串珠的世界是因為我找不到可以完美搭配衣服的飾品，所以試著自己動手做。」

沒想到一出手就大受好評，一做就是十幾年。「只要戴著我做的飾品出門，不認識的路人或服飾店的老闆娘都會主動跟我搭訕，問我飾品哪裡買，我說是自己做的，他們都好驚訝，接著問我可不可以把作品放到他們店裡賣。很開心自己的作品受到注意，原來我有能力設計飾品，不知不覺就做了上百件。」短時間內累積上百件作品，可見莉莉老師日復一日持續的毅力和創作力多驚人。

LILYFEI 台灣飾品設計師品牌提供

用信念將興趣化為使命

「我有個法國朋友跟我分享過一句話，讓我更堅定飾品設計這條路。她說法國媽媽們從小就教育女兒：妳可以只有一件洋裝，但最少一定要有十件飾品，靠飾品就能展現服裝的不同風格，所以法國人總是簡單又有型。」

飾品就像整體搭配的靈魂或個性，讓服裝跳出各種不同的面貌，少了飾品就不能完整造型，完整的造型有股魔力，神奇地帶出每個人未知的潛力。這就是我們為打扮著迷的原因。

莉莉老師對異材質混搭與東西合璧的風格十分著迷，當時少見的半寶石和水晶都出現在她的作品裡，自己看書研究、無師自通就做出讓人讚嘆的串珠飾品！跟 Google 上看到的串珠就是不一樣！

有天，住附近的媽媽們向莉莉老師提議，在老公小孩上班上學的時段教教她們串珠工藝，簡單小規模的串珠班便在莉莉老師家的餐桌開始了。「教課和自己愛怎麼做就怎麼做的過程很不一樣，為了讓學生都能明白，我把作品按技巧分等級，再按作品類型規畫出不同內容，按部就班地把手作技巧的各種步驟一一傳授出去。」

只要動起來，整個宇宙便會滾出巨大的能量

人妻串珠手工藝班越開越大，課程越來越豐富，莉莉老師家的餐桌已容不下口耳相傳湧進來的學生，必須找更大的場地才行，

LILYFEI 台灣飾品設計師品牌提供

於是第一個工作室便這樣成立了。「沒想到真的如願當上飾品設計老師，完成小時候的夢想！」轉換跑道後又過了十三年，接著推出串珠教學工具書、接受電視採訪、與博客來合作串珠材料包販售的各種商機水到渠成地順利進行著。

有了手作的技術和廣告的背景，要成為品牌、打出知名度便不是難事。

「只能說自己一直很幸運！我是個只會拚命努力，對成就不是很在意的人，過程才是最精采的。」莉莉老師想不起這一路出現過什麼阻礙或挫折，但我認為這一切的幸運都來自她源源不絕的熱情、即起即行的動力和不眠不休的努力。

運動與時尚相得益彰

莉莉老師成為設計師的過程一直讓我聯想起華裔設計師 Vera Wang 老師，她們都曾是優秀的運動員（莉莉老師曾是柔道選手，差點進入國家代表隊；Vera Wang 曾是花式滑冰選手，差點出席奧運比賽），她們都曾在時尚圈工作過（莉莉老師在廣告公司、Vera Wang 老師在 VOGUE 雜誌待了十六年），後來都因買不到自己想要的東西開始動手成了設計師（莉莉老師買不到心目中最特別的飾品；Vera Wang 老師買不到自己想要的婚紗）！兩人都在中年轉行，都是兼顧家庭與事業的美魔女。

她倆靠著對美的熱情，累積、成就自己的專業，翻轉出不一樣的華麗人生。（Vera Wang 老師晚年的故事比她前面的人生更精采，她在四十一歲轉行，在五十六歲成為全球最有權勢的女人，六十三歲時和比她小三十六歲的世界滑冰冠軍談戀愛。）

就用這兩道看似簡單卻藏著很多祕密武器的牛排及漢堡排送給：為了創造與散播美麗而奮鬥的戰士，費莉莉。

LILYFEI 台灣飾品
設計師品牌提供

我萬萬沒想到馬鈴薯和奶油菠菜竟超乎想像的美味！超強配角！下了什麼魔法啊！

美感來自先天基因？還是後天養成？

這也是我一直在尋找的答案，我相信美感可以靠後天多看、多練習來改變，也總覺得某些人天生就有出眾的美感與創作力，教不來也學不來，毋須外求的。如果這能力像智商、情商一樣可測量的話，那應該就是一種美力，若按哈佛大學教授 Gardner 提出的多元智慧理論分類（語文、邏輯數學、空間、肢體動覺、音樂、人際、內省、自然觀察，這幾年又從內省能力分出了靈性智能），我把美的鑑賞能力歸納在自然觀察裡。

莉莉老師的興趣很符合我的假設。

她非常喜歡大自然，喜歡看植物和不同文化的建築，這些帶給她豐富的靈感。她說：「萬物的配色美得讓人驚喜，從這些顏色就能看見很多智慧。」莉莉老師說過：「任何兩個顏色撞在一起都會很美，同色系的搭配只要把握漸層的原則，利用不同色階穿插就很漂亮。」原來撞色這麼簡單！身上不超過兩個色系就不會出錯。

多學一招，就往後天美感前進一步。

其實挑選牛肉部位並沒有想像中那麼複雜，只要懂得一個基本概念「肉就是肌肉」就好，聽起來很像廢話是不是？

基本上牛每天會運動到的主要肌肉群組是走路用的肩胛、臀部和腿部，揮蒼蠅的尾巴和挖鼻子的舌頭，理所當然，這些部位的肉質會比較硬且精瘦。而像腰部、腹脇、腰脊這些運動不到的部位就會相對鬆軟並充滿油花，很好懂吧。

軟嫩的肉塊，像是後腰脊附近的菲力、肋眼或 T 骨，適合煎、烤、炒這種時間短且溫度高的烹調法，是牛排館主要使用的部位，也是你自己在家煎牛排時該買的部位，千萬不要做什麼嫩煎牛腩的嘗試，我做過，它咬不斷。順帶一提，日式涮涮鍋用的頂級牛肉片幾乎都是肋眼這個美妙的部位。

反之，肉質較硬的，例如牛尾、牛舌或牛臀肉，就需要用紅燒或是燉烤這類時間長、溫度低的方法去料理。足夠的烹調時間才能分解蛋白質，融化肉裡的膠質，把那些原本咬不爛的部位變成用叉子就能切開的軟度。低溫則是為了降低肉質水分的流失，吃起來才不會又乾又柴。

配菜——烤馬鈴薯

食材

馬鈴薯 1 顆	沙拉油或橄欖油少許
鹽適量	牛油少許

1. 烤箱預熱至 180 度。

2. 馬鈴薯洗淨後，用叉子在馬鈴薯上大力戳洞，這可以幫助馬鈴薯煮熟後的蒸汽釋放。

3. 在馬鈴薯四周抹上薄薄一層沙拉油和少許鹽巴，丟進烤箱烤約 1 小時，或至馬鈴薯熟透。

4. 馬鈴薯的熟度可以拿叉子測試，只要叉子能輕鬆插進馬鈴薯裡就表示它熟了。要吃的時候，馬鈴薯中間切兩刀呈十字，再用兩手往中間擠，馬鈴薯就會開花，這時往中間塞入牛油和少許鹽巴即可。

配菜——奶油菠菜

食材

牛油 25 克	中筋麵粉 25 克	牛奶 150ml
菠菜 2 大把	適量鹽和胡椒	

奶油菠菜也是一道常在牛排館可以看到的配菜，而牛排館可以把奶油菠菜做得又香又濃郁的祕密其實就是來自於一個簡單的配方：麵糊（Roux）。

Roux 是非常傳統的法式醬汁底，所有的醬汁和濃湯基本上都可以用它來增加濃郁度，簡單來說就是用某種油脂去炒麵粉，藉由炒的過程把麵粉的生味炒掉，只留下麵粉濃郁的口感，今天食譜用的是油脂是牛油，但是也可以用橄欖油或培根油來替代。

1. 準備兩個小湯鍋，第一鍋裝滿水煮至滾，第二鍋則是開中小火融化牛油，待牛油融化。

2. 牛油融化後，加進麵粉翻炒，麵粉和油脂炒起來應該呈現像溼掉的沙子一樣的質感，但這時千萬不要用手去測試，因為麵糊的溫度極高，一定會燙傷。

3. 麵糊炒約 2 分鐘，至麵粉不再呈現顆粒狀後，再用打蛋器一邊攪拌一邊緩緩倒入牛奶，切忌不可一次把牛奶全部倒入，因為麵糊一下子碰到大量液體會結塊，失去柔順的口感。

4. 牛奶全部加進去後煮約 5 分鐘，至醬底不再有麵粉味，就可以放著備用。這時煮菠菜的水應該也滾了，加進適量鹽巴（至海水的鹹度），把菠菜丟進去煮熟，約 1 分鐘，再把菠菜撈出來冰鎮，這樣就可以保有菠菜翠綠的顏色。

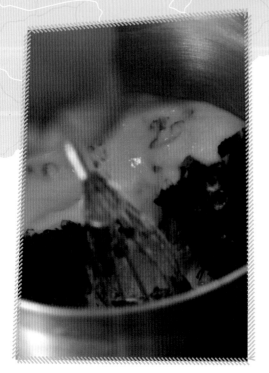

5. 把降了溫的菠菜多餘的水分擠乾後，切成碎塊，再丟回奶醬裡攪拌均勻。

6. 小火加熱約 2 分鐘至溫熱，最後用鹽巴和胡椒調味，以保有綠色蔬菜的呈現感。

香煎丁骨牛排

食材

紐約牛排 1 片	迷迭香 1 枝	沙拉油 1 湯匙
牛油 1 湯匙	大蒜 2 瓣	鹽、黑胡椒適量

白酒磨菇醬

蘑菇切片 1 大把
白酒 40 ml
鹽、黑胡椒適量
市售雞高湯 120 ml
牛油 1 湯匙

1. 將牛排從冰箱拿出，回溫至
   室溫（約 30 分鐘）。下鍋前
   5 分鐘，灑上鹽巴和胡椒。

2. 同時，用另一個爐子中大火空燒平底鍋，約 30 秒。
   鍋子熱後，倒入沙拉油，當沙拉油開始出現波紋
   而尚未冒煙時，放入牛排、大蒜、迷迭香。

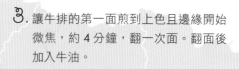

3. 讓牛排的第一面煎到上色且邊緣開始
   微焦，約 4 分鐘，翻一次面。翻面後
   加入牛油。

4. 在牛油融化的同時，把鍋子朝把
   手斜傾，用湯匙把牛油澆到牛排
   上，這樣除了可幫上層保溫外，
   也可增加牛排表面的酥脆感。

5. 翻面後約 4 分鐘，就可以開始測試
   熟度，準備起鍋。5 分熟的溫度為
   57.2°C～62.7°C。起鍋後把牛排放在
   砧板上，淋上一點鍋裡的油，休息 5
   分鐘，可在上面輕蓋上一片鋁箔紙保
   溫。

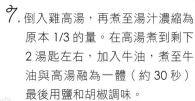

6. 把鍋子裡的油倒掉，只保留一湯匙左右，加進切片香菇，炒至變色後倒入白酒收乾至原本 1/3 的量。

7. 倒入雞高湯，再煮至湯汁濃縮為原本 1/3 的量。在高湯煮到剩下 2 湯匙左右，加入牛油，煮至牛油與高湯融為一體（約 30 秒）最後用鹽和胡椒調味。

8. 上菜時，放上烤好的馬鈴薯，放一點煮好的奶油菠菜和牛排，最後淋上做好的蘑菇醬汁，傳統的美式牛排大餐就完成了。

馬鈴薯品種有個簡單的二分法，即澱粉含量高與澱粉含量低，前者適合做薯泥、烤馬鈴薯皮等可以配上大量奶油的菜色，後者適合拌在沙拉裡，或是簡單地用水煮過，品嚐它獨有的扎實口感。

一般台灣的菜市場裡所看到的，多是澱粉含量較高的「克尼伯」，鮮少有其他品種可以選擇，頗為遺憾。

選擇好的馬鈴薯其實沒什麼訣竅，只要沒有明顯的傷痕，摸起來厚實而且沒有發芽即可，要注意的反而是馬鈴薯的保存方法：

第一，馬鈴薯要存放在無陽光照射的陰暗角落，因為馬鈴薯只要接觸到陽光，就容易發芽，而發芽之後會產生一種叫茄鹼 (Solanine) 的毒素，茄鹼中毒者輕則舌頭麻痺、嘔吐腹瀉，重則斃命，可不是開玩笑的。

第二，不要放在冰箱裡，馬鈴薯遇冷後澱粉質會慢慢地轉換成糖分，反而會加速它的腐壞速度，保存良善的馬鈴薯可以放置長達一個月。

處理馬鈴薯時，先用清水刷乾淨，所有的「眼」都要用小刀或湯匙確實挖空，以避免有任何茄鹼的堆積可能。另外，馬鈴薯很容易氧化，所以削完皮後，可以泡在水裡以防變黑，但是如果泡在水裡太久，它的澱粉質又會慢慢滲出，保存時間要算好。

分享一個炸出香脆薯條的訣竅：將馬鈴薯長時間泡水，把澱粉質慢慢瀝出，讓馬鈴薯內的氣孔變大，這樣炸出來的薯條就不會有軟趴趴的口感。在我之前工作的餐廳，馬鈴薯都需要泡水三天以上才會拿去做薯條，雖然聽起來很麻煩，但是炸出來的薯條保證是根根酥脆，不脆退錢。

配菜──烤薯條

食材

馬鈴薯 4 顆　　　橄欖油 2 大匙
新鮮百里香數根 (或 2 小匙乾燥百里香)
鹽、胡椒適量

1. 烤箱預熱至 220 度。把馬鈴薯洗乾淨削皮後，切成寬 1 公分的薯條尺寸，泡水備用，想泡多久取決於你希望薯條有多酥脆，我建議泡最少 30 分鐘至 1 小時。

2. 在薯條和百里香上均勻地塗抹上橄欖油，這樣進烤箱比較不容易烤焦。

3. 放進烤箱烤約 40 分鐘，或至薯條熟透。
在烤的過程中可不定時幫薯條翻面，
烤得會更加均勻。

4. 從烤箱裡拿出來後，丟掉百里香梗，
均勻撒上鹽和胡椒就完成了。

配菜——簡易擺盤沙拉

食材

羅蔓葉一拳頭大小的量　　小番茄數顆
小黃瓜片數片　　　　　　鹽、黑胡椒適量
油醋醬適量

油醋醬

沙拉油 200ml　　蜂蜜 20ml
蘋果西打醋 70ml

油醋醬的基本比例為一份醋對三份油，在這個比例基礎上，你可以再根據個人口味的不同來做調整，喜歡酸一點的人可以增加醋的比例；喜歡嗆辣一點的可以加點芥末；喜歡帶點甜味的則是可以加點蜂蜜，口味變化可以隨心所欲調整，只要記住醬汁使用前要充分攪拌均勻，不要油水分離就可以了。

1. 油醋醬只要把所有材料裝進一個密封容器裡，大力搖晃均勻就可以淋在沙拉上使用了。

起司漢堡排（三人份）

食材

牛絞肉 250 克　　豬絞肉 120 克　　雞蛋 1 顆　　小型洋蔥切小丁 1 顆
牛奶 50ml　　　　黑胡椒、鹽適量　瑞士乾酪 1 片　去邊白吐司 2/3 杯

漢堡排一直是我個人很喜歡的肉類吃法，也是我在剛開始學做菜時就花過很多時間研究的菜色，在試過各式不同食譜後，最後總算研究出我最愛吃的組合，請笑納。

絞肉用的是牛豬混合，牛肉帶來肉香，豬肉則是油汁，牛與豬的比例大約是 2：1，調理方法則是以前在某個日本節目上看到，一個叫「漢堡排極上化作戰」的企畫，裡面說漢堡排用蒸的可以達到「極上肉汁」的呈現，嘗試過後果然肉汁橫流，也就把這個技巧給學了起來。

1. 用中火炒洋蔥丁至軟化且稍微上色，約 15 分鐘，放涼後備用。

2. 在一小碗中放進白吐司和牛奶，讓土司充分吸收到牛奶後，再擠掉多餘的牛奶，備用。

3. 在一大碗中混合絞肉、雞蛋、洋蔥丁、少許胡椒和鹽，攪拌至所有材料完全融合。

4. 將肉團分成 3 等份，搓揉成圓形後，再拍打成 1 公分厚的橢圓肉餅形狀。肉餅中間需要比四周壓得更扁一些，中間才煮得熟。沒用到的絞肉餡可放回冰箱冷藏 2 ～ 3 天。

5. 在肉餅上撒點鹽和胡椒後，用中大火熱油，當油出現波紋但尚未冒煙時，放進肉餅，烤至表面呈深褐色後翻面，每面各約 1 分半。

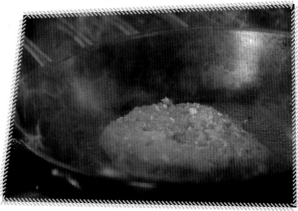

6. 把肉餅取出，倒掉鍋子中的油後，鋪上一片起司，在鍋子旁倒進 1 杯水，大火煮至滾，滾後調中火，蓋上蓋子，以蒸的方式把漢堡蒸熟（約 8 分鐘）。

7. 擺盤時先擺沙拉，只要先放沙拉葉，然後穿插放上小黃瓜和小番茄，淋上油醋醬，撒上 1 小撮鹽和黑胡椒就完成了。

8. 接著在沙拉旁邊放上烤好的薯條，最後放上漢堡排，喜歡吃番茄醬或芥末的人可以擠一點在漢堡上就能上菜了。

Leslie，閃亮亮明星般的
國際時尚彩妝大師

草食香料男的首選——
芹菜豆皮沙拉豆腐排、芹菜義大利麵

「Leslie 點道菜吧！最喜歡吃什麼？」

「我吃素耶。我怕點素菜有點太冷門畫面不好看，會不會？」Leslie 說完羞得笑瞇了眼。「不是全素，只要沒有肉就可以。」

「吃素好啊！我也想吃素。反正設計菜單的是有正，考考他會想出什麼菜。」看，Leslie 為了我們的拍攝如此貼心，反襯我好壞，馬上把題目丟給有正傷腦筋。

Leslie@Leslie-makeup.com

該怎麼介紹
Leslie 老師呢？

看過計程車上樂樂小黃影片中和 Miss ELLE（虛擬人物）演對手戲的的 Leslie 老師嗎？就是他！他是台灣 MAC 第一位進入國際專業團隊的彩妝大師，和其他國家選出來的 MAC 彩妝師一起飛往世界各地的時裝周秀場化妝；是天后們最愛合作的彩妝老師，是美容編輯和品牌公關們讚不絕口的彩妝老師，「找 Leslie 老師合作基本上已經可以先放一百個心，出席活動一定提早到，做足功課，還常說出連我們都不知道的產品知識，非常照顧現場的工作人員，整個人溫柔得要命！」Leslie 是我好友的好友，台上合作過，台下吃飯唱歌過，私底下人見人愛，工作上無可挑剔的敬業與專業，他完全擁有能成為大師的條件！不管是哪一類大師。

他的身上帶著很多有趣的特質，比如熱愛唱歌到不出道的話這輩子可能有點小遺憾（唱片圈的小遺憾），他推薦我下載最近很流行的歡歌 App，提起歡歌便眉開眼笑：「我已經下載好一系列要唱的歌，只要到晚上可以回家唱歌，工作就精神百倍。」深夜的時候，只要氣氛對了便會聊起佛經和宇宙奧祕。他的文章感情下得很重，不是矯情的那種，是從他溫暖的角度觀察人與人之間細膩的互動，再用他的文字深刻地描述出來，既能感動人也能激勵人。他有充滿魅力的聲音、完美邏輯的

照片提供：Leslie

小時候的 Leslie
沒當成童星也有機會進入傑尼斯吧！
是不是少了一個帶他飛去日本的貴人？

照片提供：Leslie

表達能力，能説又能寫，這樣的條件與特質，即使不當彩妝大師，也可能會是歌手或作家，或激勵大師、也有可能成為在電視上宣傳佛法的法師！（如果他想要的話）。

小時候的夢想？

「其實我好想當明星（笑）！從小就喜歡表演，一點也不怕站上舞台，國中畢業我就去拍藝術照寄到電影公司，可惜石沉大海，也報名過演員訓練班，結果費用太貴負擔不起。還想過當畫家。」一下又多了好多我不知道的 Leslie！

「小時候我就發現我好喜歡畫美人魚、畫人臉，我們那年代非常升學取向，大家都不太在乎美術課，但我每一次都很用心地完成美術作品。很幸運地遇到一位很好的老師，他看我喜歡畫畫，也畫得不錯，便鼓勵我往美術發展，説不定以後能到法國學藝術，老師説鄧麗君小時候成績也不好，可是很會唱歌，後來當了紅遍全世界的歌星。我被打動了，於是去報名畫室學畫，假日都在畫室度過，也練書法，雖然當畫家是老師給的建議，但我畫得很開心。國中還沒畢業就被保送華岡藝校美術科，還報名參加文化大學的話劇社，可惜讀到高二就休學了，當時覺得學校無法給我想要的，我心裡有一個念頭，我想快點接觸外面的世界，想快點靠自己的能力賺錢。

開啟 Leslie 的複合式人生

故事正精采呢！我以為 Leslie 就這樣順利進入華岡轉戰演藝科，上了彩妝課後便直登彩妝寶座，好吧，我的腦內劇本比較無趣。我很好奇：「家裡沒有任何抗爭就休學成功了嗎？」

「我發現爸媽比我想像中開明許多，換作是我，還不見得會給自己孩子這麼多的空間。那時我爸希望幫我找個對未來有幫助的工作，於是帶著我跟他一起到高雄，幫我找了房屋仲介的工作，房仲這份工作，讓我第一次體會到，原來有些事是再怎麼努力也做不來的，超乎我當時十八、九歲的年紀可以負荷的範圍。當房仲必須對當地地緣有一定的了解，不適合我這個外地來的人，而高雄人習慣講台語，這點對我來說也有難度。不過，我很快就轉到附近的便利商店工作，收銀、補貨、清潔、結帳、交班，一切從頭學起，沒多久，老闆娘就希望我接組長的工作，她很欣賞我工作認真和願意學習的態度。被人肯定和賞識心裡很開心，但也開始思考，如果繼續升職可能當到店長就升不上去了，也許開一家便利商店到老，這是我要的生活嗎？我沒有很渴望，所以又離開了。

當時我告訴自己，要做最喜歡的事，我就想音樂和時尚是我最大的興趣，每個月也花最多錢在這上面，所以我便同時應徵唱片行和服飾店員工，兩個都錄取了，後來我選擇了一間賣男女裝的品牌服飾店。站櫃一陣子後，某天南下巡訪店面的老闆與設計師和我聊起一些時尚觀察，我們才見過兩次面，老闆與設計師便覺得應該可以讓我來試試，於是把我派回台北總公司擔任服裝設計，我就這樣在毫無相關經驗與背景的情況下做起服裝設計師。工作兩三年後，我又離開這個工作。那時我二十四歲，決定和妹

妹在西門町開間自己的店,開店的整個過程真的很享受,自己打造裝潢,賣的是我喜歡的二手牛仔衣褲、精品還有飲料紅茶,是間複合式的店,之前的所有經驗(店長、採購、銷售、設計)全在這裡實現。沒想到自己當老闆的時候,並沒有想像中愉快順利,後來之前的服裝公司老闆想成立批發部,我又回去擔任採購,每兩周出國一次下單訂貨,一直到二十八歲。」

歷經房仲業務、便利商店店員、服飾店店員、服裝設計師、服裝店老闆等角色,真是迂迴又精采的人生上半場!不到三十歲就有這麼豐富的履歷。這些角色看似毫無關聯,卻在 Leslie 身上巧妙地串連起來!靠著日常對時尚搭配的熱情,靠著過去曾經苦過的畫畫訓練,加乘效果無可限量。

從服裝到彩妝兜兜轉轉又回到畫人臉的功夫上

當年 BOBBI BROWN 應徵新人的條件很彈性,不一定要本科系,只要能團隊合作又有銷售能力的人都有機會進來。彩妝技巧永遠需要再訓練、再學習。於是,具備豐富銷售經驗與時尚背景的 Leslie 被錄取了。「公司為新人安排一些課程,認識產品以及基礎的彩妝練習,接著正式上場繼續實習,櫃長會針對我每天的表驗讓我進階為客人試妝,並在一旁隨時觀察。銷售對我來說不難,彩妝就靠自己不斷練習,幫客人試色也是練習,但壓力還是很大,因為公司採淘汰制,給新人一個星期的時間觀察有沒有辦法合作、是否錄用?每次大概會淘汰掉一半的人。」

真人版的彩妝師生死鬥存活術

「那時候只能逼自己面對恐懼,告訴自己

這一關沒過的話,還有其他機會,既然已經進入這個圈子就要好好把握每一次學習,不管學到哪一天,這些技術都不會浪費,都可以重新開始。其他人壓力也很大啊,我除了安慰自己,也忙著安慰其他人,因為團隊就是希望大家都好。那時候有個非常厲害的同事,他有彩妝和婚紗背景,可惜後來被淘汰了,因為上面認為雖然他什麼都會,但是積極度和團隊合作默契沒有很好。錄取後,我成為試用彩妝師,公司規定要通過三個月的試用期,我不到三個月就升為正職了,真的沒想到可一路存活,還在這產業待這麼久!」不愧是激勵大師!他有內建強烈的自我暗示系統。

「我很感謝 BOBBI BROWN 給了我一張門票入場,在這學了好多東西,包括上台講解與彩妝表演。我三十歲時轉到 MAC,在那裡更如魚得水,MAC 的風格更前衛、更搶眼,讓我可以大膽嘗試很多想像和創意。MAC 也給了我很大的舞台,讓我成為台灣第一個進入國際彩妝團隊的彩妝師。」

以 Leslie 天生討人喜歡的條件(出眾的外表與口語表達)和性格(溫暖體貼),再加上他熱愛學習與嚴格自我要求的特質,成為頂尖大師實在不怎麼令人意外,我只想問一個問題:「你英文是不是很好?是不是會加分?」

他瞇眼笑開懷:「我想可能跟我很喜歡唱英文歌有關,工作時也常和外國彩妝師溝通,我猜自己能進入國際團隊的原因可能是我的英語聽説能力與彩妝能力的整體表現最平均,也有可能是因為我年紀最大,看起來比較穩重有加點分。」

Leslie 的暖男性格很能輕易征服周圍的人,他工作時非常照顧團隊裡的夥伴,即使什麼比賽比他勝出,也不會有人忌妒,只會恭喜他,祝福他!

「進彩妝這行之後真的很快樂,很珍惜這

個機會，帶著感恩的心學習，只要學到都是賺到，不太在意一般人在乎的薪水、加班時間或人事升遷等等，我只要專心做好學習彩妝這件事就好，很簡單，很容易滿足。」連談工作都能散發一臉幸福的Leslie，真心為他的生涯感到開心。

「開始彩妝工作後，有遇到什麼打擊信心或影響情緒的事件嗎？」

「有啊，第一次接到的付費化妝通告是鞋子廣告，畫模特兒的腿，不是臉。第一次參加服裝秀後台工作，從頭到尾被晾在一旁，沒有模特兒認識我，沒有人願意讓我化妝。也遇過對我很不客氣的外國髮型師和模特兒，但我知道無論什麼處境，我都一定要先完成分內的工作，一步一步熬過去，這樣才有機會讓這些人看到我會什麼。」

「遇上了，通常都怎麼幫自己度過？」

「我會先把注意力拉回呼吸，氣息均勻，心就會平靜，非常有效。雖然我很喜歡舞台，也上了無數次台，但每次都還是會緊張，但我會提醒自己，這是我最喜歡做的事，是我自己的選擇，就放手去享受吧。還有一個方法，我喜歡沉浸在美的作品中，我愛的老電影，有畫面的音樂、歌曲或書，他們總是帶給我滿滿的能量和感覺。」

在品牌待了快十年，Leslie又面臨一個難題，他不想往上爭取管理階層，同時也希望自己往更嚴格的環境才能再進步，有更多不一樣的案子人生才會更有趣，於是便離開了品牌生涯。

「累積十年的工作經驗和人脈，我覺得應該可以出來獨當一面接案了。後來證明客戶真的更多，時間更自由，可以專心為了彩妝、為了美麗而工作。成為個人彩妝師跟以前不同的是，在品牌時，彩妝師的

技術與表現通常會連結新品上市與行銷策略，成為個人彩妝師後，才是我第一次單單靠我自己化的妝來賺取費用。獨立之後不必只屬於某一個品牌，可以和眾多品牌、不同行銷主題的 event 合作，可以跟好多人做朋友，我很喜歡跟人相處，這給我帶來很大的快樂，我終於可以自由地用全新的態度面對彩妝！」

Leslie 整理了自己的生涯歷程，用了這段話來鼓勵後輩。「人生就是不斷地抉擇、累積，靈感來自於靈魂深處的需求，夢想就是你揮灑靈感的時刻，那是很快樂的！一定要聽從心裡面的聲音，拿出勇氣追求你想追求的，在階段轉換時也許會卡卡的，但只要你撐過去，就都是自己喜歡的！不然一輩子都會被困住。」

不愧是激勵大師 Leslie。
（謎之音：是彩妝大師啦）！

草食新選擇

這幾年為了響應環保、減少能源危機，也減少心血管疾病（又或者為了祈福和許願），我身邊多了好多吃素的朋友，有些人初一、十五吃，有些早齋吃，有些蛋奶素，有些隨喜素，我則是看心情，看肉品，看料理，並非無肉不歡，也不排斥吃素，偶爾吃太多紅肉擔心體質偏酸，後幾天便選擇蔬食平衡，比例上大概一周吃兩次肉，雞、魚為主。

到素食餐廳我最愛吃蔬果手捲，不吃炸成葷食貌的加工食品（假鰻魚、素雞鴨或素魚塊）。一般素食餐廳料理素食時不能用蔥、蒜，也不能加辣椒，調味不能用酒，味道千篇一律都是薑絲、醬油味，或為了味道變化，常把食物炸來沾各種調味醬料，導致想吃素排毒卻依然給身體帶來很多毒素和負擔。記得提醒自己多多攝取不同種類和顏色的蔬果，營養才均衡。

這兩道有正為草食男女設計的料理，我要給他好幾顆星！他突破素食料理的限制和盲點，選用香氣較多和顏色豐富的蔬菜撞味（用的是 Leslie 和我都熱愛的香菜、芹菜、小黃瓜和紫色小洋蔥），搭配味噌、麻油、和堅果，利用不同刀法，將這些蔬菜重新排列組合出色香味兼美的作品。（為了增加香氣使用了黃奶油，全素者可以參考做法換成植物油。）

在設計素菜時，我會在口味和口感上下功夫，讓素菜變得更有趣些，這次的題目「芹菜、豆腐、素食」就讓我聯想起以前設計的一道素開胃菜，只是把毛豆泥換成味噌醬，毛豆沙拉改成芹菜豆皮沙拉，一樣把鹹甜的重口味和多層次的口感當作這道菜的決勝點。

芹菜豆皮沙拉豆腐排

食材

芹菜 1 把	小黃瓜 1 根	紅洋蔥 1/8 顆	橄欖油（檸檬汁 3 倍的量）
檸檬 1 顆	豆腐皮 2 片	板豆腐 1 塊	杏仁（或堅果）10 顆

味噌醬　　白味噌 2 大匙　　牛油 2 大匙　　水 500 ml

1. 先做味噌醬。水倒進鍋裡中火加熱，放進牛油和味噌攪拌均勻，水滾後轉小火煮約 10～15 分鐘，或至水收乾成醬汁的濃稠狀，最後加少許鹽巴至喜歡的鹹度。

2. 豆腐先對半切開，接著再切成 8 等分（約 1 公分厚）的長方形片狀。取一平底鍋，在鍋中倒進適量沙拉油後開中火，油熱後煎豆腐，約 1 分鐘後翻面再煎 1 分鐘，然後取出備用。

3. 先把豆腐堆疊放在盤中，四周淋上溫熱的味噌醬，在豆腐上放沙拉，最後再撒一點杏仁粒就可以了。

雖然芹菜在「蔬菜類不受歡迎排行榜」裡，是前段班的常客，但是它清脆的口感和特殊的苦澀口味很好入菜。而且我對芹菜也有著特殊的感情，在我剛進廚藝學校時，家裡冰箱隨時都會放一把芹菜，讓我在家裡練刀功，所以從各種角度來看，它都可以說是我很愛用的一項食材。

芹菜義大利麵

食材

芹菜 4 根	蘑菇 2 顆	水 150ml	紅蔥頭切末 1 茶匙
1 顆檸檬的皮	大蒜 1 瓣	牛油 1 小匙	義大利直麵 1 人份
小番茄 3 顆	香菜葉 5～6 片	帕馬森起司適量	

1. 煮一小鍋熱水，加鹽至有海水的鹹度，並準備一盆冰塊。芹菜葉梗分開，切成約 3 公分的段，用鹽水煮約 2 分鐘，稍微軟化取出泡冰水降溫，瀝乾備用。

2. 按照義大利麵包裝上指示的時間，用煮過芹菜梗的鹽水煮麵（鹽水的味道要跟海水一樣鹹）。

3. 洋菇切片、大蒜切片、紅蔥頭切末，小番茄切半。

4. 平底鍋小火熱鍋後，加進牛油，炒紅蔥頭和蒜至充滿香氣（約 1 分鐘）。放菇炒至軟化（約 2 分鐘）加進芹菜段，翻炒約 20 秒。

5. 加進清水，煮至收汁（約 3 分鐘）。

6. 把煮至 8 分熟的麵條撈進配料中，可以順勢帶一點煮麵水，麵條釋出的澱粉會讓醬汁變得濃稠。讓麵條和湯汁也一起煮 1 分鐘或至麵熟透。

7. 關火後磨上一小匙的起司和放小番茄，稍微翻一下來溫熱番茄，準備擺盤。

8. 把麵條放在盤子正中間，放上香菜葉和芹菜葉，再磨上一點起司就完成了。

Leslie，從時尚圈闖入動物圈的動物溝通師

超乎想像的絕妙好吃泡菜冷麵、
起死回生的義大利番茄肉醬麵

滾雪球般的緣分

動物溝通師 Leslie 是個直爽美麗、聲音溫柔可愛的女孩兒，世界好小，Leslie 上一份工作是台灣時尚雜誌編輯，曾採訪過上一篇故事裡的彩妝師 Leslie，也曾在工作中採訪過我的伴侶，又和我另一個擔任品牌公關的朋友共事過，也曾受過幫我封面造型的設計師 Linda 協助，她很興奮地跟我說：「我看到妳的造型和封面設計是她做的，覺得妳的選擇真是好有品味！」研究人際關係的學者說，只要身邊的共同朋友超過三個，緣分就會像滾雪球一樣，總有一天會有交集。這球滾了好久好久，終於碰在一起了。

照片提供：Leslie

Bibi 讓我們走得更近

我和 Leslie 在今年二月第一次碰面，隔了四個月才又再見過幾次面，後來就常在 line 上交流，因為大學同校，是學姊妹關係，加上對動植物的喜好相投，目前接觸的領域也頗有交集，每次聊天都會出現賓果的價值觀，很快就讓彼此關係更進一步，進度超前。

第一次和 Leslie 見面是 Bibi（我的寶貝狗乾仔）從肺積水休克的鬼門關搶救回來的隔兩天，恢復情況良好，和 Leslie 交流後心情更是出奇得好！與前幾天奄奄一息的樣子有著天壤之別，動物溝通跟人類心理治療的療效因子非常雷同，當自己的需求表達了，心也被聽見了，被支持、被照顧、被善意回應後，身體也就舒服了。

我們早就慕名 Leslie 已久，她是網友們口耳相傳溝通經驗非常棒的動物溝通師，態度真誠，非常用心扮演中間者的角色，仔細核對雙方丟出來的訊息，找出答案，轉達的方式讓人（動物也應該會）感覺舒服。會談結束後，心理上有療癒的效果，也真能改善一些問題。她的粉絲頁內容豐富，看她寫的溝通故事總是被深深感動，她筆下的動物們都好有人性、好可愛，理解牠們之後更能包容牠們的行為。真的和心理治療好像。

命運的安排（或是 Bi 的安排），竟在 Bi 病重時來了道曙光，幸運成功預約了 Leslie 的溝通時間。

受過 Leslie 協助的人都用 free style 形容她的溝通風格，不拘泥什麼形式和儀式，可以感覺她在動物溝通上極有天分，做溝通時不需在太安靜的場所，只要聚精會神，便能即時感應動物當下的心與情。其他溝通師說，這得對自己的感受與靈感非常有信心才辦得到。

第一次請 Leslie 溝通的主軸放在 Bibi 的身體感覺與進食習慣上。Bi 每次上醫院都好緊張，嚴重時會休克（幸好小姐訓練有素，備有氧氣機和 CPR 技術，每次都能成功救回 Bi），我們與 Bi 溝通是否能勇敢配合治療過程，放心地去醫院不要昏倒，Bi 回應：「可以不要去醫院嗎？我真的不想去。」「昏倒又不是我能控制的。」

我們給 Leslie 看三間醫院的照片，Leslie 將畫面用心像傳送給 Bi，問 Bi 對這三間醫院各有什麼感覺。Leslie 反應 Bi 的心情：「看到第一間就發抖，但不排斥，看到第二間醫院有極強烈的拒斥感，激烈大聲地說不要！說第三間醫院治療時間最短，勉強可以配合。」第一間醫院是 Bi 最常去的心臟專科醫院，雖不喜歡打針、檢查的冗長過程，但因為已經習慣，所以尚可接受。

第二間是兩次半夜急診命危時，留夜觀察的醫院，也許是這兩次產生被遺棄的恐懼造成負面連結（動物在重病時都有怕被遺棄的本能），因此反應特別大。第三間醫院是針灸治療的中醫診所，看診時間最短，打針最快，只是偶爾針灸刺骨的痠痛讓 Bi 受不

了。「可不可以拜託妳告訴他們，我只想待在家，哪裡都不想去。我的身體還可以。」這時 Bi 忽然就以這乖乖坐好的姿勢望著 Leslie，耳朵還乖巧自信地往後撥。過程持續跟 Bi 討價還價，各退一步，小姐承諾不再去第二間醫院，Bi 也願意配合治療。

照片提供：Leslie

Bibi 正在拜託 Leslie。

寵物們對照護者總是毫無保留地去愛，用各種方法傳達愛給所愛的人，他們的喜怒哀樂都是因為愛。

聊完正事後，我想知道 Bi 怎麼看我（就是愛不愛我、愛不愛黃博這類問題）。Leslie：「Bi 說妳是另一個很愛他的人，很喜歡妳用充滿愉悅的聲音叫他、稱讚他，而且妳常常對著他唱歌。」充滿愉悅的聲音呼喊 Bi 是大家都知道的（飆高音），但對著他唱歌這麼私密的事除了 Bi 跟我，不會有第三者知道。三年前小姐還在當上班族，Bi 常在我家託顧，我寫稿時常把 Bi 抱在腿上或拉張椅子讓他坐我旁邊，邊寫稿邊唱歌，若 Bi 只顧睡他的覺不理我，我就會捧著 Bi 的臉對他唱歌（Bi 不時想把頭撇開）。他記得我們之間的小祕密，感動。

學習動物
沒有遺憾的生活哲學

今年初 Bibi 病情每況愈下，讓小姐壓力好大，放下所有的一切，每天把重心放在觀察 Bi 的呼吸、食慾、排便還有溼度溫度的控制，不再看喜歡的韓劇，也不再做自己喜歡的事。Bi 被照顧得很好，體重沒掉，小姐倒是瘦了四公斤，這期間我們都以為少去看 Bi，少給他刺激（擔心他太興奮喘不過氣休克），對他比較好。與幾位動物溝通師溝通後，發現我們錯了，他每天多麼期待看見我們，「來了，來了，你們終於來了。」這是他見到我們的心情。

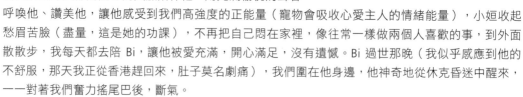

我們決定每天都用開心的笑臉陪伴他，用充滿愉悅的聲音呼喚他、讚美他，讓他感受到我們高強度的正能量（寵物會吸收心愛主人的情緒能量），小姐收起愁眉苦臉（盡量，這是她的功課），不再把自己悶在家裡，像往常一樣做兩個人喜歡的事，到外面散散步，我每天都去陪 Bi，讓他被愛充滿，開心滿足，沒有遺憾。Bi 過世那晚（我似乎感應到他的不舒服，那天我正從香港趕回來，肚子莫名劇痛），我們圍在他身邊，他神奇地從休克昏迷中醒來，一一對著我們奮力搖尾巴後，斷氣。

在 Bi 生命最後半年，透過國內外幾位動物溝通師與 Bi 的互動，讓我們和 Bi 的生命更圓滿。Bi 過世三個月前，便已知道自己生命進入倒數階段（動物都有這樣的本能），他很感謝小姐和山姆在這一生給他最多的愛、最豐富的經歷，他深深愛著每一個愛他的人，他感到很滿足，沒有任何遺憾，也已準備好要離開，他用校車比喻，時間到了得搭車離開，只是因為我們還捨不得他，他便再留一下下，等下一班車。最後這段時間，他只想天天跟心愛的家人賴在一起，看著心愛家人的笑臉。希望大家能放下他的肉身，承諾會再回來當小姐的小孩（他會讓我們知道，因為胎記），要大家好好繼續為自己的生活打拚，繼續做讓自己開心的事，讓他看見我們的笑臉。Bi 用他的生命教我們如何沒有遺憾地面對死亡分離。

神祕的動物傳心術

十七年前看怪醫杜立德與動物溝通，以為只是幻想出來的電影情節，原來這能力從地球有生物時即存在。自然萬物的溝通方式比語言還要強大，他們不用語言傳遞訊息，靠的是精神上的感應。畫面連結，他們用意念、影像傳輸、氣味、觸覺、情緒等等。科學家對這些能力也非常感興趣，因此他

們研究蜜蜂的舞蹈，發現那些成功覓食的蜜蜂們透過特殊動作向其他蜜蜂成員分享：哪裡有可產生花蜜和花粉的花？水源在哪個方向、離這裡多遠？科學家也好奇牧羊犬的放牧行為，發現牧羊犬們的放牧本能是透過精神感應來互相傳遞訊息，德國科學家也做過心電能量傳導實驗，證明心電感應能讓遠距的兩個受試者腦波同時起反應。就能量觀點而言，動物們擁有的超能量其實深不可測，他們能透過感官明白萬物的能量（包括生物和非生物）。外國的動物溝通師們演講時說過，買房子其實不需動用風水大師，只要帶寵物去一趟，要是寵物們能在那裡放鬆地待下或睡眠，就表示那是棟有能量的房子。

更寬廣的感知能力要專注往內探索

人類演化至今，有了文字語言，原始的感官感應卻退化了，可是與萬物溝通的能力並未消失，只是藏在我們大腦未開發的潛能中。因此，學習動物傳心術時，有大量的功課必須要從內省功夫開始。最初得花一段時間靜心、靜坐、內觀，清除各種雜念，關照自己的內在小孩也是必經過程，進而讓自己的心回到最清澈的狀態，不受外界雜念干擾，才能將注意力集中，打開身體所有感知器官，通向最單純的動物溝通。我兩位朋友開始學習並打通動物溝通的經驗時，剛好經歷人生大低潮（我不知道這之間是否有關聯，問過他們後，他們認為絕對有關聯）。大低潮來臨時，他們對很多事情已沒心力再努力、再關心，只

能把所有注意力放在內觀上，很快便順勢搭上線，一旦搭上線感官啟動就是條不歸路，再也回不去未接觸動物溝通的狀態了。

從 Leslie 的描述中，動物溝通的過程也像通電話一樣，會連線和斷線。動物溝通師有能力透過精神感應動物們的情緒、生理狀況和想法，可以面對面也能遠距離心電感應（有些溝通師可以透過 skype、line 遠距溝通，但 Leslie 為了避免受到電磁波干擾，需要靠拍立得或列印、沖洗出來的照片），動物也能遠距傳送心裡腦中想的畫面。「有時也會被動物們已讀不回，或掛電話。以前剛開始動物溝通時沒有太注意動物心情和用字遣詞，一連上線劈頭就問：聽說你都會在床上尿尿⋯⋯結果馬上被掛電話斷線。」原來動物們也有玻璃心，我想起以前老師督導我們時，也不斷提醒建立信任感的重要，當問題學生被導師或家長送到輔導室，絕不能一開始就針對問題症狀提問（個案會認為輔導老師是臥底），得先拐彎抹角從關心對方喜歡的事開始談，建立信任感與新關係。

照片提供：Leslie

有幸知道動物們的內心世界
是人生很棒的學習

最早見識動物溝通的神奇是在一個日本節目「天才！志村動物園」（天才！志村どうぶつ園）裡的一個單元「能與動物説話的女人海蒂」（動物と話せる女性ハイジ），這單元非常精采，看動物溝通師海蒂 (Heidi Wright) 透過每一次溝通來解決主人與寵物間的問題，這些問題多半都是因為愛。四、五年前網路上的影片不多，我看過三個案例：突然不能動只能躺在床上的 Romu、性情丕變攻擊家人的公貓古拉、以及十七歲高齡導盲犬 Gretel 的故事，哭慘了我。（影片有翻譯的不多，第一個故事要感謝 Abby 幫我同步翻譯。）

照片提供：Leslie

長毛臘腸犬 Romu 有天突然不能動了，癱瘓在床上長達半年。出事那天，原本待在爺爺身邊的 Romu 突然不見蹤影，爺爺四處尋找，最後在家門口發現倒地不起的 Romu，消失的過程只有三分鐘，馬上送醫卻找不到癱瘓的原因，只確定不是車禍造成。最難過是家中獨生小女兒玲奈，她和 Romu 一起長大，情同姊妹。有天 Romu 不停叫，像是有事想對家人們説，於是請節目找來動物溝通師海蒂協助，母親想知道當年 Romu 消失的那三分鐘內究竟發生什麼事？海蒂説：「有看到爺爺和 Romu 在庭園的影像，Romu 聽到外面有小孩的嘻笑聲，因為好奇，Romu 朝著聲音走過去，忽然有個白色圓圓的東西，像藥丸掉下來（節目中解釋白色藥丸是農田愛用的農藥，一粒便能殺死狗），不知道 Romu 有沒有吃下。之後 Romu 的頭很痛，失去意識般，她無法理解自己剛剛發生什麼事，身體突然不能動令她好痛苦。但是 Romu 臥床後最難過的不是身體不能動，而是全家人激烈爭吵的形象，這令 Romu 好難過。」

海蒂接著問：「Romu 出事當天，你們是否曾經怪責爺爺？ Romu 因為自己不能動之後，感覺家人的樣子都變了，現在哭喊的 Romu 正拚命傳達：大家是一起的伙伴啊。接著 Romu 傳來她最快樂的回憶畫面（海蒂拿著紙筆畫出暖桌上的生日蛋糕）。雖然很多人以為動物沒有長久的記憶，絕對不是，尤其是狗，不管是快樂或難過的回憶，一直長久記著。對 Romu 來說，玲奈快樂的臉孔一直存在記憶中。也請大家別擔心，Romu 對自己未來能動很有信心，雖然一起散步目前還有點難度，但有很多事可以為 Romu 做。」玲奈説：「我們來為 Romu 辦一次生日會吧，不是生日也沒關係。」

第二個案例是隻公貓古拉的故事。原本乖巧可愛的古拉突然變得兇惡殘暴，只要一靠近古拉就全身弓起大吼大叫，多次襲擊媽媽，最嚴重的一次還留下縫合五公分的傷口，連最愛他的惠美也成了暴怒古拉攻擊的對象，讓她傷心不已，提到古拉便不停哭泣，持續的憤怒也讓古拉血壓上升危及健康，媽媽得把醫生開的鎮靜劑放入飼料中，幫他穩住情緒。希望能透過節目解決古拉情緒和健康的問題。海蒂來了，古拉沒有因為陌生人來而憤怒，反而停止吼叫。她感應到古拉深深悲傷，面對惠美的離開，以

為自己再一次被拋棄，因悲傷轉向成了憤怒對最愛的人發洩。媽媽證實，古拉是獨生女惠美從垃圾堆裡撿回的小公貓，當時瘦弱得隨時有生命危險，在惠美細心呵護下平安長大，情如姊弟。後來惠美離家念書時不得已放下古拉由媽媽照顧，古拉就變了。海蒂安慰古拉，也安慰惠美不要害怕，越怕就越不能把愛傳達給古拉，她教導惠美全心全意地看著古拉，慢慢眨眼，眨眼就像親吻一樣會將心裡的愛傳遞過去。沒多久，古拉便開始伸懶腰、變得放鬆，後來竟躺下對著惠美和媽媽露出肚子臣服，海蒂要惠美慢慢走近撫摸古拉，惠美輕輕觸摸古拉的身體哭著說，她已經三年沒有碰過古拉，此時古拉主動從籠子裡輕輕伸出手碰觸惠美，主動示好，握手言和。這深深的誤解和悲傷竟能深深地影響關係與身體健康，透過情感傳遞，解決了他們一家長期困擾的問題。

第三個是最廣為人知的導盲犬遺言。Gretel是日本第一隻優秀活躍的導盲犬，今年十七歲（相對人類年齡已超過百歲），陪伴身障主人野口先生度過十五年，Gretel的出現改變了野口原本因身障而變得憤世嫉俗的性格，走入人群，變得開朗。拚命照顧主人的 Gretel 老到四肢已經無法走動，癱瘓的他經常發出哀鳴聲。主人希望透過節目了解 Gretel 想表達什麼？是不是需要什麼協助？於是海蒂出現了。海蒂說，Gretel 一心只想著要守護主人，他的眼睛已經看不清楚，腳也動不了，但鼻子特別靈敏，只要聞到陌生人靠近便會發出警告聲音，目的是為了保護主人。她詢問家裡是否有其他年輕小狗？野口說有，隔壁房間有隻五歲的接班導盲犬 Marble（說著便把另一隻小狗放出來）。海蒂說 Gretel 在呼喚 Marble，要他確認房裡的人是否都安全，並指導他如何保護主人。野口說：「我做夢也沒想過他想得這麼周到……」海蒂還說，Gretel 跟著野口這麼久，能深深感受野口行動不便而產生的所有感覺和情緒（不安、悲傷），最擔心主人的心情，所以希望主人不要為了他難過，希望海蒂幫忙傳達雖然他的身體不行了，還是想待在野口身邊保護他。Gretel 最後的心願是希望野口主人再去看棒球（這時野口瞪大眼睛），Gretel 說野口主人看棒球時笑得最開心，他能感受到主人的快樂，跟著興奮地搖尾巴（他們的確一起看過好幾場棒球賽），他明白主人有好多好深的痛苦，但他希望主人能多做一些讓自己快樂的事，這樣他也會很開心，他這一生最大的願望和滿足，就是陪伴野口，用他的一生守護他。野口哭了整段節目，我也從頭哭到尾。

寵物們對照護者總是毫無保留地去愛，用各種方法傳達愛給所愛的人，他們的喜怒哀樂都是因為愛，願意用自己的生命承擔著主人的病痛和情緒，儘管自己身體出狀況，還是惦記著主人的心情，只希望看見主人的笑臉，只想帶給主人平安快樂。

也不是所有動物溝通都這麼沉重，也有很多有趣的狀況題，若沒求助溝通師可能永遠是個謎。CPU 接手弟弟的狗巴弟最近悶悶不樂食慾不振，想明白是不是因為巴弟常換餵養者、常換地方感到不安，希望能透過溝通撫慰他的心情，告訴他不會再被送走了。沒想到巴弟只是因為以前飼料都給尖尖的，後來變凹凹的，不開心。CPU說，因為每次他都不吃完，於是放少一點，不要讓他以為自己在吃 Buffet。Susan的貓 HaQu 從台中帶回台北後上廁所次數驟減，擔心他是不是水喝太少而便秘，也擔心是不是情緒低落的影響，經過兩位溝通師傳達，原來 HaQu 不愛去廁所是因為貓砂那沒開燈，太暗，不喜歡去，水的量足夠，希望 Susan 不要把水加在罐頭裡，他不喜歡罐頭裡湯湯水水，比較喜歡吃顏色深色一點的罐頭肉，味道比較香（魚口味），不喜歡吃白白的（雞肉）。Susan 說：「我原本以為貓再暗都看得到，所以不太在乎廁所暗暗的。」後來 Susan 開了燈並調整飲食內容，HaQu 就正常便便囉。

Leslie 説，動物溝通的目的是幫動物和人解決一起生活的問題，通常動物們都會願意給妥協的方案配合，但有時也不見得全盤接受改變，就像人一樣，聽得進去，卻改不掉某些壞毛病。不過，大部分都能為了彼此的愛（或用零食交換）各付出一些，配合良好。

透過幾次動物溝通，才明白原來動物們對人類的生活和習慣用語不那麼清楚，他們不明白結婚、開店、工作、稱謂、出國或母子裝等等意思，他們覺得工作或出國就像從這個地方到另一個地方（不明白距離與文化的差別），以為開店是換一個地方生活，為什麼會有其他不認識的人？不明白母子裝是什麼意思，但他們穿衣服時感覺出主人特別開心，所以通常願意穿，也覺得穿著開心。所以動物溝通師傳達情意時，得先保持彈性開放的態度，要明白自己並非什麼都懂，要非常小心核對訊息。這訓練也跟心理治療相仿。

「有次溝通時，主人要我問狗狗為什麼不跟他們一起到床上睡，此時狗狗傳來主人在床上打他的畫面。就我的理解，這兩個主人這麼愛他，愛到只想抱著一起睡，怎麼可能會在床上打他？這訊息得小心核對。我跟主人説，你在睡覺時會不會出現一些動作？（比劃給他們看）他們恍然大悟，沒錯，自己睡覺時翻身動作很大，常會撞到狗狗，把他驚醒。原來，他因此睡不好，所以不想跟他們一起在床上睡。」
類似這樣的訊息得馬上核對，才不至於出錯或造成任何一方誤會，因此 Leslie 總不辭辛勞地與寵物照護者當面溝通（動物們不一定得跟出來，可透過照片遠距傳達畫面），「因為這樣，我才能用表情、口氣和肢體去完整傳遞動物們的感覺和想法。」

學心理學時，我非常喜歡行為心理學，對動物行為訓練非常有興趣，美國二十世紀初時非常風靡行為心理學，自信可利用獎賞和懲罰來制約控

照片提供：Leslie

Leslie 與愛犬 Q 比

制動物行為，改變他們的壞習慣，這是一種不帶認知情緒的訓練行為。但動物溝通完全是另一種學派假設，主張動物是有認知情緒的，可以透過溝通來改變認知、情緒和行為。

這一年因為 Bi 的病情，還有 Susan 愛貓 Happy 突然過世的憾事，頻繁地接觸動物溝通，越接觸便越覺得動物溝通這份工作非常需要內觀，還有內省智慧優勢的加持，Leslie 能即時流暢地與動物直接傳遞精神感應、交流感覺、情緒與畫面，只有動物的主要或長期照顧者能明白動物們所表達描述的細節奧祕。

後來 Susan 也透過學習動物溝通來彌補自己的遺憾。我一直都認為 Susan 有這方面的天分，如果不是動物溝通師，她走心理治療師方面也很適合，她學戲劇，練習時便常冥想內觀、覺察自己的心理與身體，有特別的聯想與感知能力，還有，她有一本實現率超高的向宇宙下訂單許願本，顯示她的高魂商。

動物溝通師是未來高需求的行業

我預期，未來十年，動物溝通師需要的程度可比十年前的諮商心理師。世界少子化的影響是其一，大家開始養寵物當成小孩或手足互相陪伴，十二夜流浪動物議題受全民重視後，領養活動也開始發酵，許多有愛心的朋友們陸續到收容所領養被遺棄的狗狗們（有些狗狗長期恐懼、缺乏安全感，連套牽繩都難），動物溝通師的介入或許能幫彼此減壓，讓整個過程能更安心順利，提早過著幸福快樂的生活。養寵物的家庭越來越多，寵物的問題並沒有因為主人長期養寵物而減少，隨著時間和生活事件，會遇到各式各樣的問題要面對和處理，就算與動物之間沒有影響生活的問題，無聊沒事也想知道他們在想什麼。

目前台灣的動物溝通師訓練，大多以師徒制學習為主，或自行參加國內外講師的訓練工作坊，（並未編列在大學系所課程中，不過已陸續在許多相關系所社團中展開討論），

照片提供：Leslie
動物溝通師時期的 Leslie

門派多元，可依照自己的性格與狀態嘗試選擇，也可買書和講義自修自學，目前還無執照可認證，只能從資深且具口碑的動物溝通師自受訓學員中篩選出優秀的動物溝通師，或請已有動物溝通經驗的寵物照護者們口碑介紹。動物溝通學派多元，溝通的方式也各有專精，好的動物溝通師不會賣神位或要求寵物照護者做某種儀式收取昂貴的費用，他們甚至主動協助收容所的流浪動物與未來照護者搭起友誼的橋樑。

對於超科學我一向尊重，因為人類智慧有限，畢竟人腦平均也只開發 3%，許多自然神祕的能量還未能透過人類使用科學方法印證。

關於 Leslie 的人生上半場

我對 Leslie 的背景非常好奇。認識 Leslie 之前便看過她的書、部落格和粉絲頁，她很能說故事，文筆流暢充滿感情，撰寫的動物溝通案例文章常被轉貼分享，擴散效果很快。

「我大學念的是新聞系。高中時看《絕配冤家》這部電影，非常嚮往時尚雜誌編輯的工作，很自然地就進入校刊社。」Leslie 從小擅長寫作文，作文曾被老師選為範本，貼在布告欄給其他同學觀摩學習。寫文章對她來說是最擅長也最喜歡做的事，大學推甄也毫不猶豫地填了新聞系編採組，希望以後可以擔任記者或編輯，畢業後順利找到生活風格的雜誌編輯工作，幾年後如願轉戰光鮮亮麗的時尚雜誌圈。

「我好喜歡這圈子，沒想到進入時尚雜誌圈是對自己工作效能一大挑戰的開始。」

時尚編輯典型的一天

每天早上進公司先開會，開編輯會議、進度會議。中午與媒體餐敘，聽公關簡報、了解新上市的新品、採訪皮膚科醫師這個月的題目。下午開始執行企畫單元，借衣服、借商品或出席記者會採訪。約四點左右回到辦公室，可能繼續電訪或寫稿，也需要跟主管討論稿子的小會議。若進攝影棚拍照時間便再延長。一般約莫八點下班。

做雜誌像打仗一樣，每一期都要企畫新單元提案，所有的題目都要先提企畫，即使只是單頁題目也要。「以前在生活風格雜誌重點在於挖設計師、挖創意、挖展、挖設計商品、挖國外新聞，基本上只要把「報導主題」講清楚就好，編輯介入的角色不太重，需要企畫的只有封面故事，那得完整提案，跟上級開會討論修改。可是我們有四個編輯，每三個月輪一次封面故事，其餘的每篇報導大概跟主管講一下切入點和想法就好。但時尚美妝雜誌作法不同，每個題目都要提企畫，主管比較細心跟比較緊，所有的東西都要回覆討論得非常清楚。」

Leslie 說：「提企畫前要做許多功課，先了解現在最新、最紅的趨勢和商品，了解專家名人們的說法，了解國外媒體怎麼處理這類型題目。功課做足以後，再思考自己如何規畫這個題目，包括包裝創意手法、邏輯排程、採訪名人、專注焦點。企畫是一個題目的靈魂，也是編輯個人最具賣點的地方。企畫這部分最難也最有趣。我永遠都記得那次輪到我做週年慶專題，還請了心理醫生幫我設計了一項問卷，搞一個「復仇者聯盟」週年慶特企，用復仇者來包裝，意思是，大家平常買不起，週年慶就是你復仇大買特買的時候！心理問答測驗就是歸類出你是哪種類型的復仇者，浩克就是狂買暴發型，黑寡婦就是精打細算以小搏大之類。同時期還做了一個小單元，

家政婦來打卡，傳授熨斗系保養。」

這份工作帶給 Leslie 很大壓力，想企畫梗不難，但想美妝新梗有點難。「我負責美妝產品，美妝就是夏天防曬美白，冬天抗老保濕，中間穿插去角質、護手霜可能有些新成分或是新觀念，坦白說新東西不多，所以編輯們要想辦法在裡面做新梗。」第一次遇上寫作瓶頸，「怎麼寫都不順，時間緊迫還僵在反覆修改的無限輪迴。」感覺好似丟失了自己最拿手也最有信心的寫作能力，面臨嚴重的自我懷疑。

「直到有一天，我決定離職，讓自己振作一下再開始。」

回想起那段戰鬥的日子，一忙起來不太有時間吃飯，有空的時候大概是下午三點多，那陣子最常吃的是便利

照片提供：Leslie

商店裡的泡菜涼麵。「我不是因為愛吃才天天吃泡菜涼麵，對我來說那是最快也最不麻煩的食物，衝進便利商店拿了就走，不必加熱也不用等，因為泡菜味道有點重，怕給同事困擾，就趕忙以最快的速度吃完，還好涼麵不會燙。」

離開美麗的時尚雜誌編輯工作後，Leslie 沒有馬上找工作，靠著之前的存款休養生息。「那陣子陪我振作、紓壓的小確幸就是料理，讓我可以從備菜、配菜、好好吃飯開始復原。那時最愛吃也最常煮的是番茄肉醬義大利麵，用整顆整顆番茄下去燉煮，不用番茄醬。」

會接觸動物溝通某部分是因為愛犬 Q 比。「我太愛她了，超想了解她在想什麼。也剛好有一天，我滑 FB 的時候看見以前大學打工時認識的同事去上了動物溝通課，好像很有趣，我馬上問了她怎麼報名，於是就開始我的動物溝通生涯。一開始練習就好順利，很快就有感覺，而且算滿快就印證我感應到的是正確的，我也不知道這該怎麼解釋。」

「覺得自己常有特別的感應嗎？或是靈異體質？」我問。

Leslie 說：「我不算有靈異體質的人，不過我記得小時候印象很深的一件事，就是我的幼稚園朋友跟我說她阿姨如何如何，我忽然有一個訊息進來，問她，你阿姨的名字是不是 XXX，她說對！這記憶很特別。不過與其說是通靈，我覺得自己更像人類與動物之間的翻譯，只是動物傳達的是更直接的感受，有畫面和一些經歷。動物們其實有很深的感知能力，他們可以很直接地感應到照顧者的念頭和情緒，那是一股能量，這也是人類原本就有的能力，只是有了語言後，便把這些本能給關閉了。每個人都可學習如何把這能力再找回來，就像學習第二語言，差別只是有些人學得特別快，有些人需要多花一點力氣和時間。」

2013 年底才進入這一行，不過才一、兩年時間，Leslie 便知名度大開，動物溝通師也跟著蓬勃發展，同行都認為 Leslie 在這一塊付出了非常多的心力。

「剛開始學習的時候，我到處找朋友的毛小孩練習，朋友們大多是同圈子的編輯，也很能寫，很多讀者，透過他們寫下我溝通的過程和他們的故事，就漸漸傳開來了。」

我發現 Leslie 除了能寫、能企畫自己的粉絲頁之外（粉絲頁用的是設計過的 Logo 和 Banner，非常有做品牌的概念），在動物溝通時表達很流暢，訪問時也滔滔不絕，目前也漸漸走入教學行動，開辦講座招生。「這麼一說，我突然想起高中前我比較常參加的是演講比賽，不是作文比賽。」果然，人生要轉行，過去的經驗都將是大大的助力。

成為動物溝通師的 Leslie 怎麼安排自己的生活？

一週四天安排動物溝通，三天安排其他寫作採訪工作以及自己的新書，還要準備講座。「休閒方面最近迷上苔球，原本是植物鬼見愁的我，現在因為遇到「山蘇苔球」，意外發現自己原來還算滿會照顧植物的。覺得家裡充滿綠意很減壓，看著植物一個個朝氣蓬勃，更有：『啊，我把我家打理得真舒適』的成就感。」

「進修這方面，我還是會一直參加各種毛小孩的講座，鮮食的、動物行為的，像前陣子就參加了西薩狗教官的講座，收穫頗豐。未來可能會想學 TTOUCH（不是按摩，而是將心放在手上，再把手放在對方身上）或了解更多寵物的專業資訊。」

開啟內省智慧的魂商（spiritual intelligence）

你是不是常常能帶給自己美好的心情？
擁有強烈的信念和意志力？
總抱持著希望？
經常發生心想事成的美好經驗？

如果是（我舉手），你也擁有高魂商。

這個能力在 1983 年被哈佛大學教育研究院的心理發展學家 Gardner 研究發現，屬於多元智力中內省智慧。1997 年，另一位牛津大學女教授 Danah Zohar 把靈性智慧從內省智慧中跳脫出來，認為智商（IQ）或情商（EQ）都還不能完全表達人類靈性智慧這一塊，於是使用魂商（SQ, spiritual intelligence）來做全新的詮釋。擁有高魂商的人能夠深刻體會人生的愛與喜悅，遇到挫折也能保持積極的態度，在精神層次上不斷成長、轉化，保持精神滿足，開發內在潛能，能與天地萬物建立和諧的關係，讓美好境界成為可能，較容易提升人生效率並獲得成功。

魂商是每個人都能開發的能力，
可以透過六步驟練習：

- 首先，集中精神去感受一個能量充滿的
  滿足感，並放大這個滿足的感覺存在身體
  裡。
- 去尋找人生與事件的深層目的和意義。
- 將負向的思考或情緒藉由轉化、重新解
  讀成正向的思維和情緒。
- 運用你全身上下的資源能量，讓自己在
  任何狀態下顯得很棒。
- 讓智慧、慈悲、真誠、快樂、愛、創意
  與平靜成為你的情緒常態。
- 用你的高度智慧去幫助別人、改善社會。

這些能力會讓你的生活真正幸福快樂。其
實動物們也正跟我們分享著他們高魂商的
智慧，與他們互動，也是開發高魂商很好
的練習。

聽完 Leslie 的故事，今天便來重現她生命
中最有故事與畫面的兩道料理，泡菜涼麵
和番茄義大利肉醬麵！

我轉述了 Leslie 傷心涼麵和療癒義大利肉醬
麵的故事給有正，「靠你改版的開心涼麵
和幸福義大利肉醬來清洗她的心靈！」

心得：看有正重新詮釋泡菜冷麵和義大利
肉醬麵時，我跟 Leslie 都大嘆真是多學了
一招！原來冷麵可以用鰹魚醬油、麻油和
煮香的芝麻迸出新滋味！原來義大利麵要
入味除了把煮麵水弄成海水一樣鹹（這句
話已出現 N 次，誰教義大利麵這麼多道
呢）之外，起鍋前放一塊奶油增加香氣也
是前所未見！還有，用一匙醬油來為肉醬
提鮮調味，讓整盤肉醬的味道成為一個新
體驗。

Leslie 說：「學料理這件事就好像給彩妝師
化妝或給美容師剪髮，當下看老師們表演
都覺得很簡單，隨便弄弄就好，回家動手
才發現完全不是這麼一回事。」

泡菜冷麵

當年我工作的廣告公司位在洛杉磯韓國城的正中心,那一年多把附近所有的韓國餐廳都吃了一遍,也因此韓國菜對我來說,代表了某種程度上的鄉愁與回憶,當 Leslie 點了泡菜冷麵這道菜時,其實我內心悄悄地雀躍了一下,一起來試試尤金版本的泡菜冷麵吧。

食材

小番茄 5 顆	日式高湯醬油 1 大匙
黃瓜 1 根	泡菜 1 大碗,泡菜汁另放備用
蛋 2 顆	日式麵線 2 人份
蔥 3 根	白芝麻 2 大匙
芝麻油 2 大匙	薄鹽醬油 1 大匙
豬肉片 100 克	

1. 刀功部分,黃瓜去籽切絲、蔥綠切成蔥花、小番茄對切再對切成 1/4 狀、泡菜梗則是切成約 0.5 公分寬的絲比較容易入口。

2. 煮一小鍋熱水,加鹽至接近海水的鹹度,並準備一盆冰塊。麵線丟進去煮熟(約 4 分鐘),丟進冰水裡冰鎮後取出備用。同一鍋水再涮豬肉片,熟透後取出備用。最後再把雞蛋輕輕放進同一鍋滾水中,煮 9 分 30 秒,放進冰水裡再冰鎮。

3. 白芝麻用平底鍋小火乾煎約 2 分鐘,只要熱透即可。

4. 泡菜汁用高湯醬油和薄鹽醬油調和，可以先把泡菜汁和高湯醬油拌在一起，然後少量地加進薄鹽醬油調至喜歡的味道。

5. 最後是攪拌，把麵線和豬肉片放進一大碗中，先淋上芝麻油，讓麵和肉先裹上一層油，然後放進泡菜、一點蔥花、番茄和泡菜醬汁，全部均勻地拌在一起。

6. 擺盤時麵放中間，放上黃瓜絲、對切的白煮蛋，最後撒上蔥花和芝麻。

番茄肉醬麵

講到番茄肉醬麵，其實我腦中浮現的第一個畫面是便利商店的義大利麵宣傳海報，行銷的力量很強大，不過很多人也因此對番茄肉醬麵的印象就停留在「冷凍食品」。當然，我要分享一個百發百中的番茄肉醬麵食譜，可以徹底改變你對番茄肉醬麵的印象，關鍵詞是「鮮味」。

「鮮味」的科學解釋是谷氨酸鹽及核甘酸形成的味道，今天選用的番茄、牛肉、培根、醬油、帕馬森起司等，都是帶有高度「鮮味」的食材，一個全明星陣容。

食材

番茄肉醬 2 大匙　　　直麵 1 把
牛油 1 大匙　　　　　巴西里末 1 小匙
帕馬森起司粉 1 大匙

番茄肉醬

紅蘿蔔半根　　　洋蔥半顆　　　培根 100 克
牛絞肉 100 克　　大番茄 6 顆　　薄鹽醬油 2 大匙

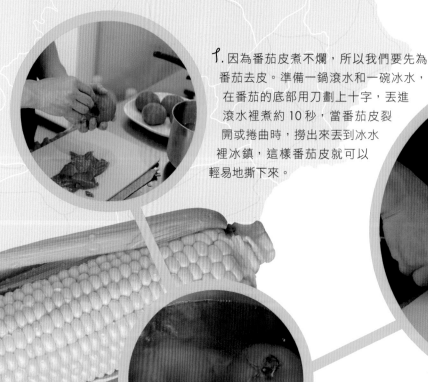

1. 因為番茄皮煮不爛，所以我們要先為番茄去皮。準備一鍋滾水和一碗冰水，在番茄的底部用刀劃上十字，丟進滾水裡煮約 10 秒，當番茄皮裂開或捲曲時，撈出來丟到冰水裡冰鎮，這樣番茄皮就可以輕易地撕下來。

2. 番茄去皮去蒂後隨便切，紅蘿蔔、洋蔥和培根切成 0.5 公分左右的丁，牛絞肉也倒出來再亂刀剁一剁。

3. 中火熱一個小湯鍋，培根先丟下去炒，油脂逼出來後培根會開始變色(約3～5分鐘)，然後丟進牛絞肉再炒至牛肉變色(約3分鐘)，取出備用。

4. 在同一個鍋子裡，倒一大匙水把鍋底的肉渣都刮起來，這些都是鮮味的基石，務必要留在鍋子裡一起炒洋蔥，至洋蔥開始呈現透明狀(約6~8分鐘)。

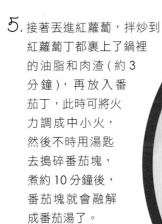

5. 接著丟進紅蘿蔔，拌炒到紅蘿蔔丁都裹上了鍋裡的油脂和肉渣(約3分鐘)，再放入番茄丁，此時可將火力調成中小火，然後不時用湯匙去搗碎番茄塊，煮約10分鐘後，番茄塊就會融解成番茄湯了。

6. 等番茄全部化掉之後（約 20 分鐘），把剛剛的肉加回鍋裡一起煮，小火燉 45 分鐘左右，直到多餘的湯汁都煮乾，變成肉醬的濃稠度即可，最後再加醬油調味。這個階段的肉醬可以分裝成好幾份放進冷凍庫，要吃的時候再加熱就好。

7. 煮麵時，煮一鍋滾水並加鹽至海水的鹹度，再按照義大利麵包裝上指示的時間煮麵。等到約 7 分鐘的時候，可以準備平底鍋，加進 3 大匙肉醬，小火加熱預備。

8. 把煮至 8 分熟的麵條撈進肉醬中，順勢帶一點煮麵水，讓麵條和湯汁一起翻炒煮至麵熟透。

9. 關火後放牛油和起司粉，用餘溫把兩者融化，然後擺盤時再撒上一點起司粉和巴西里。

照片提供：Leslie

奈：「因為有正改版的番茄肉醬麵實在太好吃，擔任神祕嘉賓的培根讓這平凡的番茄肉醬義大利麵大加分！

Leslie 回家路上立馬採購食材，現學現賣煮了一盤，是高效能學習的行動派好學生！有多好吃？看這盤義大利肉醬上撒了一堆紅蘿蔔丁，原本不吃紅蘿蔔的 Leslie 自己煮時依然加了一堆紅蘿蔔！若沒有紅蘿蔔的甜味，這盤肉醬的味道就不完整了，肉醬的香氣讓紅蘿蔔整盤翻身，好神奇！

我回家也複製了泡菜冷麵，用的是烏龍麵，也用泡菜汁、鰹魚醬油和麻油調味。另外加了乾煎雞排疊上糖醋漬洋蔥，學料理有趣的地方就是學好基礎，然後便能隨意自由發揮。」

Leslie 的複製版本

施愛咪，廣告圈的
金手指策略總監

每天醒來都想吃的西班牙烘蛋、
一口就醒的墨西哥辣番茄湯、
低成本高技術的大蒜辣椒麵

施
愛
咪
，
廣
告
圈
的
金
手
指
策
略
總
監

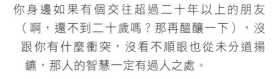

你身邊如果有個交往超過二十年以上的朋友
（啊，還不到二十歲嗎？那再醞釀一下），沒
跟你有什麼衝突，沒看不順眼也從未分道揚
鑣，那人的智慧一定有過人之處。

本日針眼，所以素顏。

人生舵手，最強好友

二十幾歲少女之間的友情難免有些雞毛蒜皮、斤斤計較的疙瘩，曾經有朋友出門老愛遲到、拗朋友接送、貪朋友請客、占朋友便宜……什麼都沒在客氣；也有朋友會因為課堂點名沒幫他簽到就不理你；也有朋友什麼點子、報告都抄你，分數輸你還覺得你留一手，對你生悶氣；還有些朋友跟你借了東西不愛惜，弄壞了也不覺得有什麼對不起你；更有些朋友見你表現好、人緣好就忌妒你。出了社會後甚至還會遇上朋友之間是非善惡人性觀已大不同，友誼的橋樑漸漸崩壞。

這樣回想起來，從少女時代認識施愛咪到不惑之年，她從沒有什麼讓人看不慣的壞習慣，知書達禮，值得信賴託付，也值得跟她學習，對她的感覺只有與日俱增的崇拜。少女時代她就是我崇拜的大智慧，總能淡定地看出情感、工作上的盲點，做出正確的回應或決定。到了中女時代，她金頭腦的魅力比起以前有過之而無不及，連黃博都讚不絕口。黃博說：「施愛咪的邏輯思慮好清楚，按部就班、抽絲剝繭，很快能聚焦抓到問題的核心點。」

我（舉手）：「跟郁婷比的話哪個厲害？」我問黃博。（郁婷是黃博的律師朋友，博覽群書的研究能力和無懈可擊的邏輯推理能力讓她從沒有失誤的官司。）

「哇！不能比吧！廣告和法律簡直就是右腦和左腦的對決。」好想看這場對決！

二十年來施愛咪總穩穩坐在我的貼心好友名單裡，是我引以為傲的最強好友，看著她一路風風光光頂著多個「第一」的光環直達我最羨慕、最想身為一份子的廣告圈！

我是金句控

從小我就對電視節目非常著迷，迷到連廣告都不放過，我的筆記本抄著好多廣告金句，咖啡系列的「好東西和好朋友分享」、「再忙，也要和你喝杯咖啡」、手錶鑽石系列的「不在乎天長地久，只在乎曾經擁有」、「鑽石恆久遠，一顆永留傳」，意境好美，雙關好美，韻腳也好美，我完完全全是個創意迷、廣告痴、金句控。雖然這些廣告金句聯考作文用不上，但留言或寫卡片時就變得很實用！「我不認識你，但是我謝謝你」（客套時用）、「Trust me, you can make it!」（拗人幫忙時用）、「Keep Walking」（迷路時用）、「別讓今天的應酬成為明天的負擔」（欠人情時用）、「安全是回家唯一的路」（遲到趕時間時用）、「認真的女人最美麗」（素顏工作時自我安慰用）、「有點黏又不會太黏」（感情轉淡時用）、「他抓得住我」（抓包時用）、「肝哪沒好，人生是黑白的！肝哪顧好，人生是彩色的！」（生氣時用）、還有近期流行的：「喜歡嗎？爸爸買給你！」（裝闊時用）、「這不是肯德基！」（胡鬧時用）、「整個城市就是我的咖啡館」（目中無人時用）、「多喝水沒事，沒事多喝水」（沒事時用）……

我從小就對這些想出廣告金句的創意人非常崇拜（敬個禮），剛認識施愛咪知道她念的是同校公關廣告系時，對她的好感度便爆表（愛心眼符號），天生廣告人的身上總是散發一股讓人想靠近的幽默，聊天就會爆出很多好笑的火花，隨便都能造出一些金句。

廣告圈打滾十多年，施愛咪的角色走在廣告創意之前，她是引導廣告創意方向的舵手，做的是廣告策略（planner），別人稱她想像工程師，我稱她廣告金手指，手指往哪指，創意就往哪走。

原本一直不太懂策略的意思（嗚，我是圈外人，心裡狹隘地以為廣告只需要煩惱創意）。施愛咪解釋：「一般人看到的廣告已經是成品，不管是廣告片、廣告 slogan 或廣告活動這些都是創意人發想執行出來的。創意發想之前需要一個方向，策略就是提供方向的角色，告訴創意可以往那個方向去找到做的方法。」

簡單理解，策略就是找到解決問題的點，她站在客戶和消費者之間，先了解客戶的問題，再了解消費者的期望與需求，思考可以說什麼或做什麼來幫助客戶解決問題。「找到那個點後，再交給創意，接下來如何說、如何呈現就是創意的工作。」施愛咪找到的那一個點或那一句話就是廣告策略的「按鈕」（button）。

這個按鈕可以把消費者從這裡帶到那裡，是一個讓消費行為產生改變的關鍵。

從消費者心裡
找到這顆按鈕

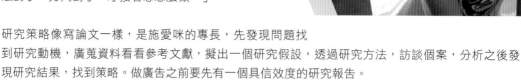

「每一次提案前都要做非常多的功課，以消費者的立場來看客戶的產品，找到消費者與產品之間的連結。如果是已經很熟悉的產品就相對輕鬆，做到不熟的就要認真上網蒐集資料，大量蒐集資料後會有一些想法，得到一個假設，就像解題之前先想是不是這個原因？從這個假設去探索，透過假設來問問題，印證對或不對。找到答案後才對客戶提案，建議用什麼方式去解決客戶的問題，方法對了，方向對了，才接著想怎麼做。」

研究策略像寫論文一樣，是施愛咪的專長，先發現問題找到研究動機，廣蒐資料看看參考文獻，擬出一個研究假設，透過研究方法，訪談個案，分析之後發現研究結果，找到策略。做廣告之前要先有一個具信效度的研究報告。

施愛咪做過最成功也最喜歡的廣告策略是全聯的案子，這讓她們團隊得了好多廣告金像獎。施愛咪找到了「破除便宜沒好貨迷思」的策略，讓創意團隊拿米果、面紙和洗髮精來比一比，「實驗證明」「便宜有好貨」這按鈕開啟了全聯轉型的命運，廣告文案從「實在真便宜」到「便宜一樣有好貨」，再到「省，還要更省」一步一步地凝聚消費者的情感與注意力。她和全聯合作九年，「開始當策略的時候，第一個做的就是全聯，全聯從很少人知道的軍公教福利中心做到現在有品牌、有特性，甚至對台灣有影響力，很有成就感，也有很深的革命情感。」從此全聯大翻身，還連帶捧紅全聯先生。

膽固醇小姐也是奧美廣告捧紅的廣告明星。每朝健康黑烏龍是台灣第一個得到「可降低血中膽固醇」國家認證的飲料，廠商希望透過廣告宣告這項榮譽，廣告策略施愛咪深入民心探訪後發現（哈，我也曾是她的訪問對象），消費者不是很 care 國家認證（民婦我只在乎好不好喝），也以為膽固醇對健康沒有立即的威脅，於是廣告策略便希望能強化膽固醇的威脅，便使用擬人化的方式來加強膽固醇的形象，於是找來一位造型搶眼（過目不忘）的膽固醇小姐，像背後靈一樣無尾熊抱男主角，光看就喘不過氣，好想甩掉這好大的壓力！廣告推出後膽固醇小姐簡直是全民話題（你也認識吧）！

阿瘦和國泰人壽的廣告策略發想過程也很精采。阿瘦想轉型時尚產業，但施愛咪做完訪談研究後發現這與一般消費者的認知有落差，之後施愛咪找到阿瘦「好穿好走」的特點，交給創意發想，便有了一個類紀錄片的廣告，記錄一個叫哲偉的男生從高雄穿阿瘦皮鞋走路到台北求婚的事件。國泰人

壽也成功製作了一部讓人印象很深的廣告，一開始策略不理解保險業，但透過訪問許多業務員，讀了他們的工作手冊，找到「幸福使者」的按鈕，創意製作出來的廣告便利用下雨天幫雨傘壞掉的路人撐傘的畫面，成功傳遞幸福使者樂於助人的精神。最近的作品還有五月花廣告：用被愛享受極柔。施愛咪在自己的 FB 延伸演繹了廣告作品的情緒：「有愛，菜變好吃。有愛，人都變美變帥。有愛，到哪都好玩。有愛，連衛生紙都變更柔軟了（摘自施愛咪的 FB）」……好了好了，該停了，不然整本都快變成施愛咪的廣告人生回憶錄（她列出來的作品足足有兩張 A4 這麼長）。

「有沒有遇過最難進入的主題或狀況？」

「有啊！電玩線上遊戲。」說完我們都笑慘，這對我們來說絕對是高難度挑戰。「電玩客戶有新遊戲要上市，是一個結合很多經典遊戲人物的新遊戲，我一接到案子馬上進入玩家世界去認識這群人，了解玩家，很認真地請公司一些玩家教我玩，拜託，一開始我連滑鼠都不會用，他們都很資深很厲害，使用快捷鍵如草上飛，玩遊戲的時候我問他們最多的問題就是：『我在哪裡 ?!』我不會看畫面，根本找不到我自己。遊戲裡面的玩家都有一個特質，他們對戰鬥好熱血，很講義氣，大家很團結地想打好這場戰。所以我就用團結打仗去執行這個廣告活動。想了很多好玩的梗，把電玩世界的戰爭搬到現實世界。他們有一個最主要的競爭對手遊戲，所以我們就利用玩家、鄉民的特性，P 圖、惡搞、到對方的公司電梯貼一些文宣標語，像是：誰是真英雄？我才是真英雄，來打贏這場仗。那是我第一次提案客戶從頭笑到尾，他們覺得整個活動都很有趣，覺得我們比他們還想打贏這場戰。」

「超辣的！你們！」

「後來客戶沒有用我們的點子啊，可能因為這是一個國際的遊戲廠商，要考量的層面太廣，後來他們就做了別的活動方式，讓一些電玩的經典角色當候選人，搭上當時選舉的話題來 Cosplay 競選。」

做廣告有方法，但也不是什麼都在意料之中。「有時策略下得很好，創意沒有發揮得很好；有時策略只是還 OK，但創意很強，廣告也會出現很好的效果。有時廣告也會帶來預期之外的效果，像全聯廣告九年前的目標客群原本想打動三十歲到五十歲的媽媽族，卻意外拉進零用錢有限的大學生。」

每一次都是第一次

「廣告這個工作永遠不會膩，每一次接到的案子幾乎都不同，前一次的成功經驗都不能套用，只能歸零，即使是舊客戶，也要不斷推陳出新，解決新的問題，創造新的可能。」我以為老鳥如施愛咪會說出現在都橫著走、閉著眼睛做事。

「還記得第一次進廣告公司的心情嗎？」

「剛進來的時候真的是超菜，覺得別人都很厲害。這工作需要很有趣的人生，最好見過很多世面，擁有很廣的生活經驗、人際經驗，我念書時也不是多會玩、花樣很多的那種學生，廣告世界其實什麼人都可以進來，本科系的還真的不多，只要對廣告有熱情的人、本身是很有趣的人就可以，這裡真的網羅很多各種才華的人，有很會做菜的、很會唱歌的，我同期有一個女生每個週末都會去 EZ5 駐唱！」

「是彭佳慧等級！你覺得我現在還能進廣告圈嗎？」以一介中年民婦的姿態。

「現在嗎？還是以前？」

「不一樣嗎？」

「以前的妳可以走創意，創意有兩種人，一種人寫文案，應徵時會考試，中文系會比較容易上手；另一種人負責視覺藝術，大部分是復興美工畢業，這需要一些專業能力，需要作品集。現在的妳還可以做新興的網路 Content Provider，因為妳寫的東西吸引人，有話題，又有網路敏感度，可以即時觀測、創造網路事件。」

「我去收集作品和寫履歷表了。」

還有比工作更難的事

忘了說，施愛咪有個八歲的兒子。每次施愛咪演講時只要提到「我有個八歲的兒子。」現場都會一陣騷動，因為她是一位保有時尚和幽默的女人，為家庭奉獻也從未忘記給自己找樂趣的媽咪。

「很芭樂地問，幸福家庭與美滿事業如何兼顧？」

「我沒有要兼顧啊，顧不來。當媽媽太難了。平常回到家八點多，兒子睡覺時間差不多九點多，有品質的相處和聊天時間不多，也超不喜歡講媽媽經，越講越累。對我來說，週休二日反而最累，上班有一個固定的節奏，工作上也有能力解決，沒能力解決的事也會有其他人幫忙，媽媽的角色，沒人幫你解決。」

這是施愛咪的六月近照，比起拍攝這單元的時候又更精實、更年輕了。

媽媽的角色充滿愛與責任的壓力，是一輩子要承擔的甜蜜負荷。雖然天天看，天天怒，施愛咪還能用幽默的方式重新詮釋。施愛咪常在 FB 寫兒子 KK 的趣事，觀眾很多，每天都期待 KK 上場。

以下摘錄施愛咪最近的 FB 貼文。

KK 說明早想吃麵包，他說是麵包不是吐司喔！於是，本人第一次麵包出爐
兩種口味，雜糧蔓越莓 for 黃老師和我（左邊三個）。 Reese's 花生巧克力 for KK（右邊三個，形狀好詭異喔）。
總之，如果這小子不孝，我一定揍扁他。

暑假。KK 和阿嬤要去台東玩三天，飛也似的急著出門。快到台北車站時，
KK：怎麼辦，我覺得我會想哭ㄟ，讓我哭一下好不好？（假假假）
我：好啊，你哭。
KK 假哭三聲後，開開心心的說：媽媽 bye bye~

找出生活中
簡單快樂的小事件

「媽媽是個全年無休的工作，有沒有長假已經沒差，像上次即使長假也帶著小孩一起，現在我比較常在忙碌中找空檔抽時間做些喜歡的小事，像是料理、做麵包、做 Scone，我喜歡做這些，一部分是為老公小孩，一部分是希望做些其他事情，或趁星期天小孩踢足球時，我就在旁邊跑步，還有找時間和黃老師吃一頓飯，或中午不吃飯，跑去做臉，哈哈哈上次還遇到妳。」

哈哈哈哈哈哈，小確幸絕對是人生中最重要的小事。

我們一起走過壓力最大的二十好幾，友情、愛情、工作都很菜，不管多鳥多菜還是得面對現實，厚臉皮待著，硬著頭皮熬下去。走到四十好幾，這些都已經不是足以為難我們的事，成熟的感覺真好。敬我們。

做個會說故事的人

我欣賞會說故事的人。

施愛咪說：「幫品牌說一個好故事，勝過千百萬的行銷費用。」這個時代，會說故事的人往往都能成為贏家，電影電視是，廣告是，寫作也是。這能力不見得人人有，要對生活敏銳地觀察，要能記住你周遭發生過的事，接著還要有能力好好地說，好好地寫出來。把想傳達的訊息用故事包裝，才可以在短時間內引起共鳴，產生認同，形成情感，發生不可思議的作用。

我喜歡廣告的原因是：用短短一句話，或短短的幾分鐘去說一個很有感染力的故事。會不會說故事、怎麼說故事是影響廣告優劣的最強關鍵。

有次聽龔大中演講「我不做創意，我說故事」，他是奧美執行創意總監 CEO，剛畢業時靠著高創意的履歷表讓奧美破例錄用的新鮮人，工作五年便升格創意副總監，又三年再升創意總監，菜鳥時期

也歷經文案被資深創意人改得面目全非的過程，每日像韓團練習生一樣被催生大量的文案、腳本，就是這樣腳踏實地的苦練發顯，好快便成為賣座文案最年輕的廣告傳奇。那一次演講案例分享各國宣導風力節能的廣告影片，目的一樣都是宣導風力節能發電，但國內外說故事的功力有明顯差異，值得多多參考學習。

德國拍的風力節能廣告，透過擬人的風先生（Mr. Wind）自白來說故事。他有很強的力量，卻總是用在錯的地方，變成搗蛋的惡作劇（吹起女人的裙子、吹亂女人的頭髮、讓人家的雨傘開花……），他覺得大家都不喜歡他，可他並不是故意的。直到有天，他遇到一個懂得欣賞他的人，給他一個對的方向，讓他做對的事（風力發電），他的力量，變得正向，他喜歡自己，也被大家喜歡。短短的幾分鐘，用擬人化的自白，讓人對風力發電產生感動。

台灣經濟部也拍了一個類似的風力節能宣導廣告。一個小朋友以稚嫩可愛、音準偏離軌道的聲音唱著：「風呀～你要輕輕地吹。」畫面搭配風的姿態（風車、風箏、搖曳的樹葉）和標語：「台灣的風已經提供十一萬戶民眾一年用電。」

講道理，聽的人少，說故事，感同身受的人多。

期許我們都是說故事達人，把自己的人生說得精采。當然，前提是活得精采才能說的精采。你就是你人生的主角，就是你人生的創意總監，過好你的人生，讓你的故事處處有梗，不管高潮或低潮，都是獨一無二的精采。

點一道菜給自己

「我想吃辣！」辣媽施愛咪說。是不是非常符合她的人生？流著汗享用美味。「辣椒義大利麵。看似簡單其實很難，我覺得那會是很適合自己一個人配啤酒享用的料理。」

「還有烘蛋，烘蛋是我心目中的理想早餐，熱熱的、滿滿的餡，小孩搭牛奶，大人喝咖啡（幻想一起吃早餐），曾在朋友家吃過但沒學起來，自己試過幾次都失敗，搞得 KK 可能會誤以為烘蛋就是茶碗蒸。所以我一直很想知道為什麼我的烘蛋都烘不起來？」

「哈哈哈哈哈哈哈哈，我也好想知道怎麼讓烘蛋站起來！」

馬上來請教有正大廚！

要開始時才發現，今天的食材和菜色好紅喔。

西班牙烘蛋 Frittata 對我來說是非常獨特的存在，因為我第一次在餐廳實習時，吃的員工餐就是西班牙烘蛋，當時的我只覺得當廚師真爽，可以吃這麼好吃的員工餐，所以當我開了自己的店後，也做了好幾次西班牙烘蛋當員工餐，今天可以示範做這道菜真是太好了。

西班牙烘蛋

食材

蛋 6 顆　洋蔥 1/2 顆切絲　紅椒 1/2 顆切絲　1 顆馬鈴薯切 0.5 公分片
鹽和胡椒適量　巧達起司絲適量

1. 烤箱預熱至 200 度。

2. 把切片馬鈴薯放進微波爐加熱到熟透，約 6 分鐘，最好的測試熟透沒的方法就是拿起來試吃。

3. 中火炒洋蔥和紅椒至洋蔥呈透明狀。

4. 打蛋，加約一茶匙鹽調味，
   放進馬鈴薯和蔬菜拌勻。

6. 烘蛋定型後，灑上起司，轉至烤箱烘烤至烘蛋表面也成
   形膨脹，約 12-15 分鐘，取出後切成想要的形狀即可。

5. 在一個放得進烤箱的
   鍋子上，抹一層薄薄
   的沙拉油（想味道更
   濃郁可以抹牛油），
   中火熱鍋，然後把蛋
   料鋪平在鍋中，煎約
   5〜8 分鐘至鍋底定
   型。

奈：「原來讓烘蛋站起來祕訣有
二：加入巧達起司絲，送進烤箱！
是一個烤蛋糕的概念！」（筆記）

墨西哥辣番茄湯

食材

紅椒 2 顆　　　　洋蔥 1 顆切丁　　　罐頭番茄丁 800 克
綠萊姆 1 顆　　　水 300 ml　　　　　大蒜 3 顆
巧達起司適量　　Tabasco 辣醬適量　鹽和胡椒適量
　　　　　　　　　　　　　　　　　建議：需要果汁機或食物調理機

「煙燻」是墨西哥料理很愛用的食材處理手法，很幸運的，有一個用瓦斯爐就
能達成的烤蔬菜小技巧，能夠簡單帶出煙燻的特色，在家也可以 Viva México!

1. 把紅椒直接放在爐火上
   烤，隨時翻面，烤至整顆
   都變成炭黑色。

2. 把變黑的紅椒放進大碗中，蓋上保鮮膜，用
   餘溫悶熟的同時，可以讓皮跟果肉分離，之
   後拿紙巾把黑皮全部擦掉，再去籽亂切備用。

3. 在湯鍋中加進少許沙拉油，中火炒洋蔥至呈透明狀，加進紅椒和番茄罐頭，中火煮約 10 分鐘讓味道融合。

4. 把煮好的湯料全部倒進果汁機中攪拌至柔順濃湯狀，用檸檬汁、鹽和辣椒醬調味。

5. 最後盛盤時磨一點黑胡椒，並以起司和一塊萊姆角裝飾（若喜歡香菜也可加點香菜點綴）。

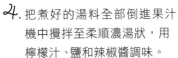

95

調味油的使用方法很多，我喜歡它可以增添隱藏風味的特性，而且如果跟朋友說你烤麵包時會先淋上自製的大蒜油和粗粒海鹽，他們聽了一定覺得你很專業。

這道大蒜辣椒麵的調味簡單，但是交錯的酥炸麵包粉、炸蒜片和麵條的口感很豐富，加上大蒜油的香氣，越吃越順口。

大蒜辣椒麵

食材

義大利直麵 160 克　　　大蒜 2 顆切片　　　辣椒 1 根去籽切絲
麵包粉 5 大匙　　　　　乾辣椒片 1 茶匙

大蒜辣椒油

初榨橄欖油 200ml　　辣椒 4 根　　大蒜 6 顆

1. 小鍋子裝橄欖油，用刀面簡單拍開辣椒大蒜，丟進冷油裡，中火加熱至大蒜周圍開始冒出微小泡泡，轉小火維持同樣的小泡煮約 20 分鐘，或至油本身充滿蒜香。

2. 蒜油完成後，大蒜辣椒就可以撈出來丟掉了。然後在同一鍋中丟進蒜片，炸至金黃，約 3 ～ 5 分鐘，取出放在紙巾上吸油備用。然後同樣的步驟再炸麵包粉，炸約 45 秒，或至呈現金黃色。

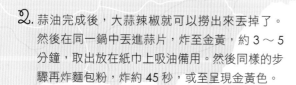

3. 準備一鍋煮麵水（水記得要加鹽至海水的鹹度），把麵成螺旋狀丟進水裡，這樣可以預防麵沾黏。按照麵條包裝上的時間，煮至 8 分熟。（例如包裝上寫 8 分鐘，煮 6 分 45 秒左右即可。）

4. 平底鍋中放 2 大匙蒜油，中小火加熱，放進
適量辣椒片，然後把麵條撈進鍋中拌炒，拌炒
時還可加一兩匙煮麵水，煮麵水裡的澱粉讓蒜
油可以更均勻地裹在麵條上。

5. 最後灑上蒜片、
麵包粉和辣椒絲。

林祐民，
客家肉丸變身藍帶豬排的
資深電腦工程師

家常味噌湯、口感豐富的藍帶豬排

「你要寫的方向大概是什麼，我來幫你想梗。」本集標題是此次餐桌上的主角自己想的，是種本質不變（不管是客家肉丸還是日式藍帶豬排本質都是一大塊豬肉）從本土走向國際的概念！而我自己想下的標題是「來自星星的神童級電腦工程師兼主婦之友林太祐民」（以下簡稱林太）。

來自星星的林太

對我來說，電腦程式語言都是外星語，電腦工程師就是來自星星的你。每次電腦當機我們習慣「重開機治百病」，但不免還是會遇到幾次重開 N 次仍卡關的狀況。「林太，我的網頁突然沒辦法彈出新視窗，記憶常用網頁也沒了怎辦？」「#$^&$%^%$#$%^」（外星語）「什麼？」「林太，我的中文輸入怎麼按都沒辦法切換！怎辦？」「@#$%^&*!**(*&^」（外星語）「什麼？」「林太，我的電腦沒辦法自動連 wifi？怎辦？」「我懷疑妳不小心開了飛航模式。」「怎麼可能這麼蠢！……啊！我真的開了飛航模式！」這種不可能發生的蠢事竟然輕易被林太通靈說中！（到底天下有多少太太會誤觸飛航模式。）

每次電腦出問題，林太總不厭其煩地幫我找出電腦問題所在，用我能懂的語言解釋，可惜我的程度只懂空白鍵、Shift 和控制台裡的小東西（Windows 一直改版，年紀越大越抓不住時代進步啊），有時電腦當機，神童懶得問診（因為中年婦女常常連主訴都說不到重點），直接用 TeamViewer 遠端操控我的電腦（這真是神奇的發明），只要下載這軟體給出單次的帳密就可連線（還好我會下載），林太就可以從他家電腦隔空操控我的游標，修理我的電腦。救星駕到時我總心存感激在內心呼喊：每個人都要有一個工程師好友啊！林太補槍：「人妻的話，遠距服務就好，妹的話，快車飛奔現場搶救。」好啦好啦，有救就好。

After

Before

照片提供：林佑民

五年前（2010 年），我們在一次微軟的合作中認識，我是負責介紹產品的來賓，他是微軟工程師，負責我們一起執行的案子。本只是萍水相逢、船過水無痕的一日夥伴，但這孩子優秀得讓人無法無視他的存在，滿臉誠懇的笑容，手腳特別勤快，腦子很靈活，身為一位左腦發達的電腦工程師，卻有五星級服務的靈魂，有求必應，把我們照顧得妥妥當當。合作後發現這產品實在太棒了，自己介紹到不來一台實在說不過去，當下決定購買，林太就成了我們購買諮詢這台家庭伺服器的窗口（絕對不是假消費真搭訕）。

林太不只能對電腦產品講解、裝置及售後服務，天文地理家電料理也好聊得要命！什麼話題都跟得上，是機器人嗎？到底內建多少功能？公關圈的朋友們說，工程師們最擅長的就是 Google（找答案）和 Echo（電腦程式指令用語），每次與工程師開會最輕鬆，因為他們會不斷針對問題找出答案，給出指令和反應。完全就是林太！全方位高功能的 Google 和 Echo!（品牌忠誠度極高的林太再補槍：「微軟是 BING!」）

進行這本書的企畫時，我很快就想到林太這位「十六歲就寫出最強報價系統」的電腦神童（如圖，嚴肅），五專升二技畢業後輾轉進入微軟直奔年薪 XXX 的資深工程師，上面這句沒能表現出林太的厲害，厲害的點請繼續看下去。

「我人生的主軸就是電腦，可惜從小家人都認為電腦是玩具，不是可以當飯吃的工具，刻意不讓我碰電腦，電腦除了電腦課教之外都是自學。五專填志願時選了爸媽心目中的名校電子科，因為不是自己喜歡的科，念得很不順，電腦的軟體和硬體

其實相差天南地北，不太適應，就這樣被退學了。後來降轉到其他學校，念了工業工程與管理，學了統計成本會計等等，後來又繼續升學二技念資訊管理系，開始寫程式設計網頁。」學科被當到退學這在林太十五歲時肯定是家族大事，尤其爸媽是老師，震撼應該不小，但同時他已開始寫程式語言，在電腦的世界裡還是被他找到很多樂趣和成就感。現在回頭再看，退學反而是讓他快轉跑道的好事。

看到球就想接的神童

神童之所以被稱為神童,是因為喜歡到處打工(常在資訊月展場出沒)的林太在十六歲時(1998年)假戲真做當起一個網站的總監,以非常快的速度導入資訊系統將公司 E 化(電子接單加上線上刷卡),讓公司成為南台灣最早的電腦購物網站,早期老闆底下只有林太一名員工包辦全部資訊業務,負責網站整體規畫、行銷、以及後台管理設計並維護整合現有資訊,還包含系統、營運流程改善,撰寫電腦程式改善網路貨架系統、訂單管理系統、採購管理系統,產品訂購程序從最早要花八小時濃縮成二十分鐘,整合各供應上的資訊之後還能以最優價格訂購,領先業界建立 PDA 報價系統,提供另外一種報價查詢的管道。林太的技術讓公司短時間內便在台灣五百大網站中排行第一百一十二名,電子商務類第八名。玩到這麼大時林太還不到二十歲,這不是神童什麼才是神童?他不進微軟誰進微軟?(林太馬上跳出來:不要這樣吹捧我。)

「我耐操又便宜!那時只領一萬八起跳。」這孩子成熟的地方是很早就懂得在年輕時把所有經歷當成學習,學習真實世界許多老師沒教、從無到有的 Know how,不計較工作量大、工時長、薪水又低,還感謝老闆給他這麼大的空間發揮。

後來公司展店速度過快,燒光資產解散,他耐操的口碑靠著過去打工時認識的人脈在當兵前進入公關公司。「進公關公司是意外的插曲,我從小到處打工,有個偶然機會遇到某電信公司的主管很賞識我。那時電信公司在墾丁辦了為期兩個月的音樂季活動,當時主管沒辦法派公司內部的人到墾丁長期駐點,最後決定找外派代表他們,那個人就是我。他們包了整個小灣遊客中心,每天都有活動,周末還開演唱會,因為只有我一個人駐點,必須身兼數

職,要當音控、舞台監控、天氣評估,還要調整 round down,也因為這個工作認識了好多人。退伍後又回來同間公司,短短一年也完成好多事,寫公關新聞稿、做傳單、做廣告片、上網資費,還有因為語言優勢能和國外頻道商聯繫數位電視開台事宜(EX:NBC、DISCOVERY),因為這些行銷經歷,讓我的履歷多了與其他技術人員不同的成分,這些都是非常稀有且寶貴的經驗。」

林太進微軟一樣是因為工作累積的人脈(觸角很廣的林太參加微軟舉辦的研討會和活動,也參與技術社群討論,進公司前就得過七屆微軟最有價值專家),當職缺一釋出馬上應徵卡位。之後的劇情套用林太一貫以一當十的吃苦耐勞,以及比一般大學畢業生更多實務經驗的老練,還有里長伯的服務熱忱,很快就穩坐他的位置。(很愛喇賽的林太又補充:沒有很快卡入啊,這故事很長的。)

當林太還只是一個小小工讀生時,就把自己定位在管理階層監控的高度,其他工讀生在發呆聊天,他在觀察現場環節,撿撿紙屑、看看機器狀況、檢視現場是否有缺什麼,可以找什麼來補等等。主管看在眼裡,便知道這是個人才。因為林太這個熱心助人的人格特質,讓小小工讀生變成獨當一面的駐點負責人。

「我是那個看球要掉下來時,會忍不住去接的人,沒辦法忍受球掉下來。」他會細細觀察監控整個流程,把沒人做的事主動攬下來。工作交給他可以放一百個心,因為他會比你想的周到;沒交給他,他骨子裡的服務魂也會主動靠過來:「May I help you?」(林太:「妳怎麼知道我在信義區都很主動對觀光客做這種事!」我:「遠距通靈啊。」)身為他的朋友完全能感受這種萬能總管的熱情!

林太之所以為林太

林太並不屬於姊妹淘系,是主婦系,所以是林太。我們有個太太群組,專門由愛逛愛買的林太提供限量、特價、好物訊息,是人體活 DM、比價王,遊走各類市場,橫跨 3C、旅遊、Costco,「太太們,現在正在限量限時特價,快衝。」或「這寫你的名字,該買。」當然也有太太的精神食糧:韓劇和八卦(連韓劇都能聊的男生真的不多)。

這個太太群組功能可以這樣用,「林太,我想買暖爐。」「林太,我想買烤箱。」「林太,我想買直立式熨斗。」「林太,我想買空氣清淨機。」「林太我想買自拍神器用的記憶卡。」林太不會買給我們,不會囉嗦地問我們買這幹嘛?或要什麼功能?型號講清楚一點?但會給我們一條購買連結,這連結是他篩選過(工程師最擅長的做功課)品質最好價格最實在的商品。別忘了林太十六歲就寫出最強報價比價系統,內心肯定有個比價的主婦魂。(林太:「原來我的主婦魂是這樣來的!妳不愧是有心理師執照的!」)

還可以這樣用,「林太,明天颱風會來,早上八點飛東京的飛機會取消嗎?」「不會,看情勢應該晚上才會影響。」果然飛機早上照飛,下午便取消好多航班。去年十月我們在桃園機場瘋狂接機,等待劉在石帶領 Running man 出關,左等右等,一直沒在說好的時間出來,「林太,他們的班機著陸了嗎?」「還沒,還在空中排隊,排第三台,可能還要半小時到一小時。」有沒有很意外?根本比 Siri 還厲害,他竟然還有本事觀測飛機!「@#$%Y#$T@#」聽不懂外星語說用什麼方法觀測整個天空航道。(林太:「就知道妳聽不懂,下次我直接說結果好了。」)

因為林太實在萬能,線上服務 always open, 有求必應,有問必答,執行速度又

林祐民,客家肉丸變身藍帶豬排的資深電腦工程師

好又快，像林太這種好物（咦，人家不是工具）應該要推廣到更多太太們的世界，所以我硬是拱他開一個粉絲團，FB搜尋林太獻寶，林太將在線上為大家服務。

這麼厲害的人物當然要邀他一起參與這個企畫，於是他總管職業病又發，很想做球給我又想幫我接球。「妳有缺什麼菜嗎？」「什麼都缺，選你愛吃的就好。」「那我點豬肉好了。」「成交。炸豬排好不好？我想學也想吃，哈哈哈。」「好。日式炸豬排配味噌湯」「讚。你要不要順便再分享一道菜？」「好，我做一道代表客家菜的客家甩肉好了。阿婆的客家肉丸是豬絞肉，黏黏的親情，用手甩出一顆顆的鮮肉丸。藍帶豬排是蛻變後的我，堆疊出層次，把起司包在扎實的肉排中。」看，連文案都幫我準備好了。

這位工程師興趣太廣，領域跨很大。工程師被認為是只需與物品接觸的宅宅研究型，但林太下班都在料理，休假都在旅行，電腦是他最擅長的事，吃和玩是他最愛做

也最解壓的事，白天晚上、一年四季都爽爽地用自己的節奏過著理想中的生活。

從認識林太到現在，他一直非常樂於享受工作，也非常賣力地吃喝玩樂。他可以攢錢買車買房，也很捨得把錢花在天上，飛來飛去。

他在部落格寫著：「去了印度，才知道他們的搖頭是我們的點頭；去了日本，才知道很多服務的細節是可以精緻到那個程度；去了新加坡，看到了一個現代化井井有條的國際化城市；去了美國，才知道老美他們的視野是多麼寬廣；去了韓國，才知道五花肉也可以那麼好吃、泡菜這麼多種，還有他們的漢字公文我還真的看不懂；去了澳洲，才知道工作後的出差不是小時候看空中飛人那種羨慕，而是一種爆肝的行程，一個星期得飛三個城市；去了夏威夷，會以為你來到了日本，因為太多日本觀光客了；去了帛琉，才知道水底下的景色可以美麗成這樣。也有好多的第一次，第一次去美國，第一次去印度，第一次搭商務艙，第一次班機故障，第一次吃東西會拉肚子，第一次浮潛，第一次跑去開飛機……」這些特別的經驗讓所有工作的辛苦都得到救贖。

客家傳統甩肉丸

甩肉丸是六堆地區的傳統食物，一般在家吃或是辦桌都會準備的一道菜，每個肉丸象徵團圓。備料和做法都不難，但這混和著多種香氣的甩肉丸真的很夠味！晚上我把它煮了湯，超棒。

這天在有正的店裡做菜拍攝，看林太帶過來的電子秤、量匙、打肉器等道具就知道工程師做料理有多講究標準化程序。為求完美表演，連電鍋都自己準備。

準備材料：蔥、蒜、豬絞肉、鹽、米酒、醬油，也可加入一些番薯粉讓肉丸更有黏性。

① 將蔥白與蒜先切末準備。

② 在豬絞肉中放入爆香的蔥、切細的蒜，加入一點米酒、鹽和醬油的肉丸。

③ 用手沾些醬油，開始甩肉，婆婆媽媽都這麼叮嚀：「甩得越大力越好吃！」

林祐民，客家肉丸變身藍帶豬排的資深電腦工程師

要講到最能代表一個國家飲食文化的食材，味噌的地位從古至今，一路走來始終如一，實在是無料能出其右。

味噌依照口味可以分成赤味噌和白味噌：赤味噌顏色深沉，口味濃郁，也稱為「辛口味噌」。而白味噌醃漬顏色較淺，帶有甜味，也稱為「甘口味噌」。

那赤、白味噌有正確的用法嗎？我覺得沒有，畢竟每個人對於美味的定義都不同，所以對於什麼是好吃的味噌看法當然也會不同，不論是單純的味噌湯或是味噌醃菜，還是要經過試驗之後，再來決定自己最喜歡的口味。

不過味噌最神奇的功用不是調味，而是它的各種健康效益，資料指出味噌能有效解毒和消除人體吸收的工業汙染物，更別提它的高抗氧化能力、刺激胃液分泌、有利於腸道益生菌、加強血液和淋巴液的品質、降低各種癌症的風險、強化免疫系統，降低壞膽固醇。

要讓味噌湯喝起來有日本餐廳的味道，只要湯底用日式高湯即可，而日式高湯的基本款就是柴魚片加昆布的組合，以 1000 cc 的水配上 30 克的柴魚片和 20 克的昆布為標準配方，只需要花上十幾分鐘就能完成，是個需要在短時間內做出一鍋湯時的最佳湯底。

味噌湯

食材		
冷水 2000 c. c	昆布 20 克	柴魚片 30 克
豆腐 1/2 塊	鴻禧菇 1 包	乾燥海帶 1 小把
白味噌 2 大匙	紅味噌 2 大匙	蔥適量

1. 先用濕布把昆布簡單擦拭，但千萬不要用水沖，因為昆布上的白色粉末是昆布本身滲出的甘露醇，是昆布鮮味的主要來源，它不是發霉。

2. 用冷水把乾燥海帶泡發。

3. 在昆布水沸騰後，加進柴魚片煮約 5 秒後關火，讓柴魚片慢慢沉澱至鍋底，約 1 分鐘，接著把高湯過濾。

林祐民，客家肉丸變身藍帶豬排的資深電腦工程師

4. 在昆布水沸騰後，加進柴魚片煮約 5 秒後關火，讓柴魚片慢慢沉澱至鍋底（約 1 分鐘），接著把高湯過濾。

5. 在日式高湯中加進切好洗淨的鴻禧菇煮至沸騰，水滾後關小火煮至鴻禧菇熟透（約 5 分鐘）。

6. 拿一濾網放進湯中，在網中放進味噌並用湯匙拌開，這種拌法可以防止味噌在湯中結塊。

7. 放進泡發的海帶和切塊的豆腐。這時可以試試味噌湯的味道，如果味道不夠鹹可以放一點鹽調味。

P.S. 如果覺得煮完高湯的昆布丟掉很浪費，也可以把昆布切絲，淋上味醂、醬油和麻油（1：1：1）的簡單調味來當小菜。

8. 最後盛盤時可以撒上一點蔥花。

首先要打破一個謠傳已久的迷思，就是藍帶豬排和藍帶廚藝學校一點關係都沒有，它是美國人融合幾個歐洲國家的傳統菜色後所發明的菜，基本上只要是將肉排敲扁並夾進起司，再裹上麵包粉油炸，就可以被稱為是「藍帶」。

至於今天的日式豬排醬，是我多年前看日本綜藝節目學來的，只要拿英式醬油（Worcestershire Sauce）、蠔油和番茄醬，以 1:1:1 的比例攪拌均勻就好了，味道和豬排專賣店的沾醬像到讓人嚇一跳。

藍帶豬排

食材	豬里肌排 2 片　　2 片瑞士乾酪片對切成 4 片　　中筋麵粉足量（圖中約 2 杯） 日式麵包粉足量（圖中約 2 杯）　　適量鹽和黑胡椒　蛋 2 顆 油炸油 300ml

1. 先用刀背把豬排從頭到尾剁一遍斷筋後，再用刀面拍打，把肉片拍薄，這樣可以讓豬排口感更嫩。

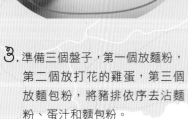

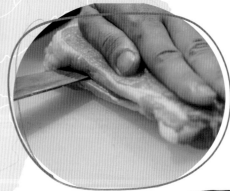

2. 用刀尖將豬排從中劃開，深度必須至少達到豬排的 2/3 深，把起司塞進去。

3. 準備三個盤子，第一個放麵粉，第二個放打花的雞蛋，第三個放麵包粉，將豬排依序去沾麵粉、蛋汁和麵包粉。

4. 平底鍋中放油，豬火加熱，可以丟一點麵包粉到油裡測溫度，只要麵包粉周圍開始冒泡，油溫就差不多了。把豬排放進去煎炸，一面約 3～5 分鐘，或至肉熟透且麵衣呈現金黃色。

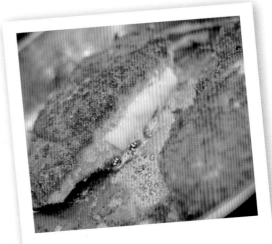

5. 豬排熟透後先取出放置，讓豬排休息約 3 分鐘，不然切下去時肉汁就會流出來。

配菜——高麗菜沙拉

食材	
蘋果絲 1 顆	碎花生粒 1 小匙
檸檬汁 1 顆份	約檸檬汁 3 倍量的橄欖油
巴西里末 1 茶匙	高麗菜 2/1 顆（切絲）

豬排醬

蠔油 50ml	番茄醬 50ml
英式醬油（Worcestershire Sauce）50ml	

1. 趁肉休息的空檔做沙拉。高麗菜切絲、蘋果切絲、巴西里切末，全部用檸檬汁、橄欖油和一小撮鹽拌勻。

2. 把番茄醬、英式醬油和蠔油拌勻，豬排醬也做好了。

3. 最後將休息完的豬排切塊，放在盤子上後，一旁放上沙拉，在沙拉上撒上碎花生，再將豬排醬淋在豬排上就完成了。

奈：「煮了幾十年的味噌湯，才發現自己走錯路了。原來昆布不能熬煮，泡水七分鐘後撈起才能煮滾湯汁，接著泡柴魚要像泡茶包一樣，將滾水熄火泡個幾分鐘後把柴魚撈起。味噌也不能熬煮，才能留住味噌湯最清甜的美味。還有，原本怕浪費加場趕製的昆布小菜超好吃！還要記得豬排和牛排一樣，起鍋後一定要先放涼鎖住肉汁，不要急著熱熱切，會流失掉啊。

這些都是我不曾注意的小細節大美味！」

HxxA，
最有國際風範的台灣時尚部落客

義式混搭風的培根高麗菜蛤蠣湯麵

時尚的吸引力

若香味能讓擦身而過的人回頭，那麼搭配出色的時尚氣息，很遠很遠就能
抓住街上路人的視線，讓人無法不去注視，無法不去喜愛，這就是時裝的
魅力。同理，想在眼花撩亂的部落格或網拍世界抓住只停留零點二秒的
網友、買家注意力，更要在網站上費點心力，版面要簡約，內容要好看，
若再搭配媲美雜誌設計的照片畫面，流量與效益一定大大提升。

照片提供：HxxA

111

去年底，我在幾場活動中認識了一對時尚部落客姊弟，搶眼、前衛、魅力滿點。姊姊 A（Anaïs）今年二十七歲，輔大法文系畢；弟弟 H（Henry）今年二十五歲，台大財經系畢，雖然用年紀和學歷介紹他們有點老套，只是想表達當我知道他們的年紀和背景時有多驚訝！尤其 H 更顛覆我對台大和財經的刻板印象。在我過去生涯諮商的經驗裡，念財經的學生通常對未來的想像是朝九晚五的穩定感，生活除了數字還是數字，遊走在國際金融大樓裡，向企業家簡報，與現在藝術家般的生活應該有相當大的差異。

姊姊 A 有一頭濃濃的法式蓬鬆鬈髮，出色的紅唇和極具個人特色的眉型，駕馭一身的溫柔強悍；弟弟 H 眼睛永遠笑成一道彎月，有時梳著高高的髮型，有時戴著一頂他專屬的黑色小圓帽，穿著簡單的線條與顏色，卻能撞出各種風格。第一次見面便令我印象深刻，每次再見又更讓我驚艷，姊弟倆每次出場，總是把最好的自己和當下流行的元素完美呈現，渾然天成的美感好像天生就在他們的血液裡，與後天的興趣交互加乘。

好羨慕姊弟感情這麼好，有共同的目標，一路結伴，一起出席活動，一起商量，一起搭配，互相打點對方的形象，還能一起寫部落格和粉絲頁。我想起自己很喜愛的重慶部落客──雙胞胎姊妹嗆口小辣椒，十年前她們從論壇發表穿搭，一路紅到淘寶，賣家只要上傳嗆口小辣椒的穿搭照、賣她們身上的衣服（大多非原廠，只是看起來很像的仿品）肯定爆量，她們的照片就是有讓人忍不住想買的魔力，想將她們營造的美好畫面全部帶回家。讓我敬佩的是，這十年來她們不斷精進自己的外型和技術，遠遠走在好前面，無人能出其右。她們研究雜誌、蒐集剪貼喜愛的照片，輪流充當彼此的攝影師和模特兒，從原本只是陽春模糊的手機對鏡自拍，進化到宛如歐美街拍的時尚大片。後來更順勢推出自己的時裝品牌。時尚，絕對不孤獨。

照片提供：HxxA

這是 Henry 在部落格上的第一張作品。

H 與 A 組成 HxxA 這個時尚代號，2011 年聖誕節從部落格發跡，在部落格放上自己的穿搭心得以及對國內外時尚的觀察，甚至自己主動找上德國和瑞典的部落客和品牌設計師專訪，談風格、品味與文化，是極少數有機會與國外部落客交流的部落格。

一向跟在姊姊後面的 H，長大後反而引領著姊姊，比如部落格，一開始便是由他主導。「弟弟首先開了部落格，被我看到，我說我也要加入，哈哈哈，然後弟弟就幫我做了 A Girl 的 Logo，他自己是 H Boy。於是便有了 HxxA 的組合。」A 說。「那中間兩個 xx 是什麼意思？」「其實……沒有什麼意思，單純就是視覺上好看，總覺得 H 和 A 好像少了點什麼，所以加了兩個小寫的 xx，像是一個連結，也象徵手牽手。」重視時尚的人，美感總是擺在第一位！

關於部落格的初衷要回溯到大三那年暑假。H 決定在大學畢業前，花光他的積蓄遊走歐洲，看看外面的世界。姊姊當然也一起同行：「我跟他說，去巴黎不會說法文的話不行啊，還是有會說法文的人跟著你才方便，有我一起可以讓你免於受害。」於是 H 只好幫姊姊的機票買單。

「這一趟感受很深，在那兒認識了兩位荷蘭人，風格之雋永，如今我還在讚嘆，後來觀察歐洲大部分人的生活，他們將美學融入在內的態度和穿搭觀念影響我很深，回台灣後，就好想透過部落格分享我的信念和生活。我想呈現一個人人都負擔得起的時尚，衣櫥可以很簡單一致，能從小細節展現百百種搭配。」H 說，他的第一篇文章便是模仿國外的風格，用極抽象的方式表達一種概念。

「我好好奇，你們什麼時候決定一起做喜歡的事業？」H 說：「我從小都是跟著姊姊啊，姊姊喜歡的都是最好的，姊姊說的話最厲害，跟著姊姊就對了，她是我們家族弟妹們的大領袖。一直到現在，姊姊的角色還是大家的意見領袖，買衣服都要先問問姊姊的意見，姊姊說可以買，她們才會買。」

照片提供：HxxA

姊姊 A 從小就非常聰明伶俐，很清楚自己喜歡什麼，不喜歡什麼，功課一直名列前茅，國小畢業就決定要念管得較嚴也較重視外語的私立學校。上了國中後成績意外下跌，於是決定直升私立高中，高中開學第一天開始便非常認真念書，她以過來人的角色提醒弟弟：「上高中後，一切歸零，不管你國中成績如何，高中是一個全新的開始，可以重新做人。」由於姊姊的高自律與高自我要求，高三下學期便甄試上心中的第一志願──輔大法文系。她一直很喜歡異國文化。

弟弟上高中後，聽姊姊的話，卯起來拚，家裡的人也沒想到弟弟這麼會念書，最後還進了資優班。考完大學選填志願，弟弟 H 面臨到選系的問題，要選擇跟設計有關的科系，還是符合爸媽期望填入最高學府的鍍金學歷？最後，他做了這個決定。

「一個家庭只能有一個小孩可以照著自己的夢想走，這個機會姊姊已經先拿去了，所以我決定去讀讓爸媽開心的科系。」貼心的弟弟在餐桌上說起這段，姊姊眼神裡還是帶著感動。考上台大財經系，爸媽果然非常非常開心，在那一刻，一切都值得了。

H 說：「反正就四年，這四年我只要安分地把功課和學業完成就可以了。」大學期間 H 從沒放棄他對於美學的興趣，不忘注意跟時尚產業有關的工作機會，常去應徵站櫃的臨時工作。後來，在一次企業徵才活動中，他把履歷投向一個台灣電子商務網站，原本應徵的是採購，面試後主管看上他照片結構的強項，將他安排到視覺製作團隊。

照片提供：HxxA

此時姊姊已大學畢業，原本準備繼續念法文研究所，因論文計畫到巴黎進行，花費恐怕負擔不起，不得不先放棄學位進入職場，到台灣法國文化協會（L'Alliance française de Taïwan）工作一段時間後，弟弟便邀請姊姊一起到這個購物網站工作。

姊姊一來便展現超強的工作能力，從小到大總是對細節要求按部就班的控制欲，讓她在後期受到主管器重，標準化商品拍攝的流程，讓製作團隊產出效能更高也更輕鬆。後來這個工作因為資方撤資，全公司一百多位員工都被遣散。人才前方不會是盡頭，姊姊很快便到日商網站工作半年。有一年的時間姊姊轉換跑道去了旅行社試試不同的工作經驗。「那時候對大眾時尚產業有點失望，覺得做不到理想的狀態，電子商務怎麼做就是改不了調性，做不到像國外一樣引領潮流、創造品味的網站，常常必須有許多『救火策略』，久而久之也總是在短期策略中掙扎。於是就想到旅遊業休息一下，喘口氣，旅遊業其實很好玩，也交了很多朋友。」

這一兩年的時間 H 剛好去當兵，靠著穿著搭配，很少人發現 H 是阿兵哥（阿兵哥的身分通常滿容易被識破的吧）。H：「姊姊送了我一頂黑色帽子，那頂在當時變成我掩飾光頭的好物。」那頂黑色帽子 H 一直戴到現在。A：「那是我在巴黎二手店買的帽子，當時他還覺得我亂買，結果變他的象徵物。」

搭配之前要先搭訕

後來,隨著部落格蓬勃發展,他們也順勢
得到很多工作機會,他們有想法、有計畫、
有組織,抓準想傳遞的信念讓他們迅速受
到精品時尚圈的關注。

漸漸地,他們已不滿足只有姊弟兩人的時
裝搭配,為了留下服裝搭配的記憶,也為
實現自己的目標,H受邀加入一位工程師
友人剛發跡的時尚社群網站(Dappei),
從經營、行銷到製作等規畫一手包辦,網
羅世界上對服裝搭配有濃厚熱情的人,讓
大家有個舞台上傳自己的穿搭照展現自
己,表露每個人對時裝搭配的看法,互相
觀摩學習,像展覽、像線上DM,也像一
場服裝秀。

因為搭配(Dappei),我才發現原來台灣
有這麼多擅長造型穿搭的潮流達人。「你
們的網站好厲害,哪裡找來這麼多有型的
人啊?」「我很喜歡在網路上瀏覽大量網
站和部落格,只要看到喜歡的就想辦法找
到他,留言邀請,平常參加活動只要有機
會認識有特色的人,也會主動去認識他
們。」我開玩笑說:「原來做搭配(Dappei)
之前要先搭訕!」時尚需要群聚,註定脫
離不了公關這一塊。

HxxA非常努力地推廣與強打搭配(Dappei)
網站,今年還跨界與電視劇合作穿搭活動,
頻頻出現在蘋果日報首頁,打開搭配的知
名度。希望台灣的市容在搭配的推播之下
越來越美。

他們從學生時代就非常清楚自己並不想走
自創品牌的路,而是想與各種品牌合作,
他們期許自己能從HxxA出發,但不局限
於此,也不想只擁有一個賣衣服的平台,
而是想把世界各地的時尚潮流匯聚一起,
也更想幫台灣年輕一輩的新銳設計師說故
事、包裝形象。

「喜歡一件事,或是對某個領域有興趣,
其實有很多方式和管道可以嘗試,只是你
願不願意做出這樣的選擇和努力。將自己
喜歡的領域結合擅長的能力,其實可以發
展出很多屬於自己的路。我認為那是一個
擁有自己生活的人都找得到的出路,它也
許不是個夢想,只是和許多人一樣做出某
個選擇。」H用選擇和努力來詮釋夢想,
選擇自己喜愛的領域去努力,這就是夢想。

選擇不到最後,都不算最後選擇。當初H
選擇財經,放棄時尚,後來繞過財經,撿
回時尚。A自始至終喜歡外語、選擇法文,
這是離全球時尚最近的語言,也是進入時
尚圈的一把鑰匙。各式各樣的選擇看起來
這麼遠,其實這麼近。

可以這麼說,你的使命從沒離開你的心,
不停地往前走,目標便會越來越清楚。

蛤蠣湯麵是姊姊A指定的料理,「我家附
近有家賣蛤蠣湯麵的店家,每次工作回家,
我都會去吃一碗蛤蠣湯麵,後來他們搬走
了,我就沒有蛤蠣湯麵吃了!」

好!一定要找回他們思思念念的蛤蠣湯
麵,這口味非常適合纖細的A與H,也
符合他們的形象。我想著要怎麼用蛤蠣
湯麵詮釋他們的故事,還要match搭配
(Dappei)網站的精神。

有正說,那就做碗蛤蠣義大利湯麵吧。用
常見的義大利麵,做不常見的湯麵,在小
小一碗湯麵裡融合中西海陸的風味,整體
簡約清爽,還要讓人難忘。

有正不愧是高手,竟然完美完成我輸入的
所有指令,做出這碗簡約清爽又讓人難忘
的中西海陸蛤蠣湯麵。

「做成湯麵的蛤蠣義大利麵」這個題目還滿有趣的，也讓我好好思考了一下該用什麼方式呈現。湯底用雞高湯的話，可以拿來煮蛤蠣增加鮮味，但若只有幾隻蛤蠣，蛤蠣汁一定不夠，可以加點日式高湯，乾脆也加點醬油，雙高湯都變拉麵了……

拉麵！那就像拉麵那樣，放些蔬菜料在上面，用豆芽嗎？還是高麗菜？高麗菜的話炒培根似乎不錯？於是一道以拉麵為概念，以培根炒高麗菜作為配料的蛤蠣湯麵就慢慢成型了。

培根高麗菜蛤蠣湯麵

食材

雞高湯一罐（400ml）	蛤蠣 20 顆
日式高湯醬油 2 大匙	薄鹽醬油 2 大匙
水 400ml	培根 3 片
麻油 1 大匙	小型高麗菜半顆
白芝麻半小匙	蔥 3 根
義大利直麵 200 克	

1. 一罐雞高湯倒進湯鍋裡，把罐子裝滿水也倒進鍋裡，開大火煮到滾，滾後轉小火，放進蛤蠣，煮到蛤蠣全開（約3～5分鐘），開了之後把蛤蠣撈出來和高湯一起備用。沒開的蛤蠣就丟掉，培根切成 0.5 公分寬，高麗菜切絲，蔥切蔥花。

2. 煮麵時，煮一鍋滾水並加鹽至海水的鹹度（這句已經出現 N 次，我想大家一定琅琅上口了），再按照義大利麵包裝上指示的時間煮麵。

3. 平底鍋裡中火直接炒培根，把培根的油脂逼出來後，再放進高麗菜絲翻炒約 2～3 分鐘，高麗菜就差不多開始軟化，最後放進少許蔥花、芝麻和麻油再拌炒均勻，就可以取出備用。

4. 這時加熱剛剛的高湯，等到麵煮到約 8 分熟的時候，把麵移到高湯裡完成最後的 2 分。這樣麵條就會吸入飽飽的湯汁。

5. 盛盤時，麵先放在碗中，鋪上蛤蠣，再把湯汁淋在蛤蠣上幫蛤蠣回溫，蛤蠣上面再放上一大把培根炒高麗菜，最後再撒一點白芝麻就完成了。

奈：「這碗鮮味讓人難忘，舉手推薦，完全打趴日本有名的蛤蠣拉麵，真的！我才剛在東京吃了米其林推薦的蛤蠣拉麵，這碗完全可以進軍日本。從未想過可以用雞高湯和日式和風雙湯頭，真是廚房新知啊！」

張至德，
浪漫的日系外科醫師

療癒身心靈與大腦的印度咖哩雞肉飯

張至德醫師是黃博很崇拜的前輩，也是好多客人、護士喜愛的資深整形外科醫師，手技細膩，善於創造臉部與身體的完美線條，沒有讓人畏懼的嚴肅，只有令人尊敬的醫術，我們喜歡張醫師那好單純、好敬業的善良，還有對生活盡心、盡力、盡情、盡興的熱情開朗。

我認識的醫師或醫學系學生們大多很有藝術天分，有些人瘋愛戲劇，有些人唱歌非常好聽，有些跳舞堪稱專業級水準，有些對寫作狂熱，有些很會畫畫，有些精通樂器，能辦演奏會的那種程度，有些則是料理技術已達辦桌等級。許多研究報告也指出，醫師這類天才型人才常訓練左腦，右腦也發達。待在台灣的教育環境，聰明、成績好的學生常順理成章（好像沒有選擇）就走上第一志願填入醫科，適應好的，會在醫學領域中找到自己的成就感，也會在閒暇之餘保有自己的才藝或繼續培養其他興趣。適應不好的便常因夢想被剝奪而感到遺憾。

當了十多年整外醫師，張醫師已經到了能愉快享受工作、充分享受生活的層次。對整外醫師來說，手術成品就是自己的藝術創作，不斷地進修與大量刀台的練習讓自己的技術越來越精進，看見客人滿意的感謝與自信的笑容，就是醫師使命感與成就感的來源。

醫師的生涯需要非常長時間的學習和訓練，要比其他行業的人更早確定自己的未來。

瑪西亞提出的四種「統合狀態」

瑪西亞（Marcia, 1980 年）在艾瑞克森的發展理論後，提出關於生涯發展自我追尋與自我發展的的四種「統合狀態」：（1）迷失型：未認真也沒能力思考未來，通常是年齡較輕或智能較低、少數自我追尋失敗的人。（2）未定型：尚未確定未來方向，對現實狀況還不滿足，有心改變，但方向未定。（3）定向型：自我追尋中早早趨於自主定向的人。（4）早閉型：缺乏自我導向，不需考慮未來，未來的選擇多半受父母師長他人影響。

張醫師的父母是台灣人，在他三歲時全家搬到日本大阪，從小受日本教育（長得也好像日本人）。「我們在日本是移民身分，姓明顯和日本人不一樣，他們多少還是有點種族歧視，特別是對亞洲人，爸爸考量如果在日本要受到好一點的對待，未來最好選擇比較受尊敬的職業，比如老師、律師和醫師，在日本，老師屬於公務員，需要本國人才行，律師雖不一定要日本人，但那是外國人踏不進去的工作，只剩醫師可以選擇，所以，很早就決定未來要當醫師。」

「但小時候其實最想當的是飛行員，想開飛機，非常自由，可惜我有遺傳性的散光，沒辦法走這條路。」因為家裡只有兩個小孩，爸媽對老大的管教非常嚴格，對成績的要求也高，所以求學階段一直非常用功。「老大就是被逼著要負責任，很小的時候媽媽就教我煮飯，所以下廚是很自然也很上手的事。」

我好佩服日本人自小扎根的教育，從小就讓孩子們學習自律與負責任，我想起曾經看過的這本《小花的味噌湯：安武家面對生命的 8 堂課》，讓我感動得要命，也更堅信自己動手料理照顧自己的身體有多重要，這本書的內容是罹患乳癌早逝的媽媽（三十三歲便離世）決定留給自己的女兒小花一些能力，於是決定把自己一身料理與家事的本領傳給女兒。媽媽說：「罹癌之後，剛開始有很多挫折。但是我發現到，身體是食物構成的，生命也是食物構成的。要有健康的身體，就要能自己動手料理。只要學會料理，即使是自己一個人，也能堅強地活下去。」小花不只堅強地活著，還帶給身邊的人（比如爸爸）生命的能量。從洗米、切菜、煮味噌湯開始，放手讓小花去體驗一切，即使小小的手拿著菜刀讓媽媽心驚膽跳，也要忍著不出聲、不出手，她認為學習可以排在第二位，只要身體健康、能自食其力，將來無論走到哪裡都能

活下去。小花從五歲開始便每天早上自己洗臉、餵狗、散步、洗手、煮上一鍋營養美味的味噌湯、吃早餐、刷牙、練鋼琴、上廁所、去幼稚園，放學回家後自己摺衣服、曬衣服、收衣服、整理衣櫃、打掃……日復一日，後來小花還會做咖哩飯和馬鈴薯燉肉，也會幫自己和爸爸做便當，小花說：「媽媽的教法很簡單，雖然很嚴格，但很快就能學會，因為媽媽教得嚴，我才學得快。」他們的故事透過爸爸寫的部落格出版了這本書。出版時記者訪問小花：「為什麼想要做味噌湯呢？」她說：「因為我想要讓媽媽與爸爸開心。」看著爸媽臉上的笑容，是她最幸福的事。

還有一篇日本小學的觀察報告，也讓我對日本教育的要求與訓練印象深刻，日本小學生從小就被訓練能夠迅速反應所有垃圾的分類方式。營養午餐時間，每個小孩都會吃光自己那份餐點，不浪費食物、減少廚餘，收餐盤的時候，每位小朋友都記得將牛奶瓶倒著放，才不會在收拾時掉在地上摔破。吃完飯收拾餐盤後，小學生會刷牙，刷完牙後大家自動自發地找工作來做，收碗、擦桌子、收籃子、疊桶子、收推車……日本文化講究秩序與禮儀（不能失禮），送禮的習慣不在話下，在日本的馬路

上還有一個意想不到的景象：小學生過馬路後，會回頭向馬路兩邊的司機敬禮。日本開車禮讓也會用喇叭嗶嗶表示感謝。

「日本人還有一個教育觀點我覺得非常棒，他們不會為了升學壓力犧牲體育課，對日本來說，體育是非常重要的教育和學習，可以讓身心更健康。」這習慣在張醫師身上維持好久，至今還常健身和潛水。「我很喜歡運動，上體育課時學到最重要的特質就是忍耐，小時候最愛踢足球、打手球和棒球，訓練時間長，過程中不能蹲下、也不能喝水，要忍過一段時間的練習才能喝水或休息。」別吃棉花糖的延宕享受，讓他們從小習慣中培養 EQ。

念完中學，到了考大學的年紀，當時台灣政府給旅外華僑子女一些教育上的補助，歡迎他們回國念書。於是張爸爸建議張醫師回台灣念醫學系。

「回台灣比較不習慣的是飲食和文化習慣。我在高雄念書，高雄人大部分講台語，聽不太懂。也發現高雄人的口味偏甜，有次喝到好甜的味噌湯，我嚇了一跳，覺得甜點才應該是甜的，湯應該是鹹的啊，我不太習慣食物同時有鹹有甜的衝突感，像潤餅捲也是，不喜歡甜甜鹹鹹混在一起的味道。剛來台灣也被台灣人的熱情嚇到，不太熟的同學突然到我家按門鈴，約我去打球，當時一直想，咦？他怎麼知道我家地址？不過，也因為日本人很重視隱私，所以很難交到知心好友，不喜歡被打擾，也怕打擾別人，不太會和人多談心。」

日本人工作和心理壓力應該不小，他們不多談自己，很多心結大多自行默默承受。日本的住家與上班地點距離遠，每天花長時間通勤，下班同事約聚會喝酒很難拒絕，常常喝到深夜還得趕回家，休息幾小時後，隔天又得早起出門上班（遲到是大忌），沒什麼時間內省與獨處，也沒時間和心愛的人相處，所以常見日本人解壓的方式就是把自己灌醉（日本麒麟啤酒統計日本人一年大約喝掉六百五十四萬千升的啤酒，每個人平均喝掉一個浴缸的啤酒），也有許多人投入動漫和電玩世界，在裡面找到自己與人隔離，只與物接觸的小確幸。

去留的掙扎

回台灣念書，除了生活上的不適應，進入醫科學習領域也是全新未知的挑戰。「到了大二解剖學，我才知道原來上課前學生們要先從送來的棺材裡抬出大體老師。那感覺好震撼，要很努力（認命）地把任務完成。」想像二十歲的學生就得面對這樣的課題的確不容易啊。真心佩服醫師們的偉大。「有想過轉念獸醫系，但制度面來看是不太可能改變的事。」

張醫師非常愛狗，家裡有三隻拉不拉多狗兒女，對他們的照顧真的是非常高規格，無微不至。雖然轉不成獸醫，但張醫師對狗狗生理病理的研究也不亞於專業，工作的八小時無法與動物一起，但生活裡的八小時還能和最愛的動物膩在一起。

求學時期面臨的衝突與不適應，張醫師也能很快用自己的方式找到平衡點，很快就調適好自己的心情。小時候體育訓練的忍耐功力也許發揮了作用，安於等待，時間一久，所有的問題都不是問題了。「一個城市住久了，還是會成為美好的回憶。」在台灣拿到醫師執照的張醫師也曾回日本繼續接受訓練再取得日本醫師執照，後來還是選擇回台灣服務。

每個家都有
屬於自己味道的咖哩飯

張醫師心中最重要的料理是什麼？

「咖哩飯。」

聽說日本每個家庭都有自家風味的咖哩飯，有些媽媽喜歡煮甜的咖哩，有些喜歡辣的，有些顏色較淡，有些顏色較濃，有些喜歡加入優格，有寫喜歡加椰奶、或牛奶，有些人喜歡加水梨，有些人喜歡加蘋果或番茄，肉類蔬菜的比例更不相同。我看過日本綜藝節目曾經做過一個專題，邀請十位媽媽煮自己常做的咖哩飯，讓十位媽媽的兒女們來試吃這十份咖哩飯，找出媽媽的味道。非常有趣，正解率竟達百分之八十！每個媽媽的咖哩飯確實很不一樣！

第一次到張醫師家，便有幸吃到張醫師自製的咖哩飯，香味濃郁又美味，在場的人都忍不住狂問有什麼祕訣？「我用了各種品牌不同口味的咖哩塊煮的。」這是張醫師獨門口味的咖哩飯。

於是，我們決定做一道印度咖哩飯邀請張醫師享用。

酥油是印度咖哩的精髓，一切開始之前，得先製作一鍋酥油。

告訴各位一個關於牛油的小常識，那就是牛油並不是牛的脂肪，而是藉由不斷攪拌牛奶，將牛奶中的奶油分離出來，再將分離出的奶油繼續攪拌，直到它逐漸凝固，所以說，吃奶蛋素的人是可以吃牛油的。

至於酥油呢，則是再進一步將牛油中的固體油脂和水分藉由加溫的方式來分離，少掉了多餘水分，酥油的保存期限就被大大地拉長，只要裝進密封的容器裡，就算不放進冰箱，也可以在室溫保存上好幾個月，非常適合常忘記把牛油冰回冰箱的人，或是需要長時間在草原上牧羊的人使用，因為它不會壞啊！

酥油的製作方法也很簡單，只需要無鹽牛油、一個鍋子和火源即可，待我緩緩道來。

酥油

1. 首先，將無鹽牛油放進一個鍋子裡小火加熱，這時牛油會開始慢慢融化成液狀，繼續小火加熱不要停。

2. 持續上升的同時，液態牛油就會開始冒泡，這代表牛油裡的水分正在被煮滾，繼續小火加熱不要停。

3. 慢慢地，牛油會呈現三個層次，最上層的泡沫是尚未油水分離的多餘水分，第二層的就是酥油的前身，最下層的則是多餘的油脂，這時可以把上層的多餘水分用湯匙撈掉，然後繼續小火加熱不要停。

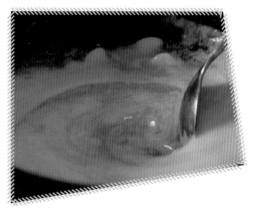

4. 中間那層酥油會越煮越清澈，下層的油脂顏色則會越煮越深，要小心這時不要讓油脂顏色變得太深，不然就會開始散發焦味。

5. 最後只要把那層酥油倒出來放涼就能用了，整個製作過程不需要超過45分鐘，但是卻可以用上半年。

薑黃飯

食材	長梗米 275 克	大蒜 2 顆	洋蔥 1 顆
	薑黃粉 1 小匙	水 500ml	酥油適量

1. 備料時大蒜切末、洋蔥切丁

2. 用約 2 大匙酥油，開小火炒洋蔥至軟化（約 10 分鐘）再將蒜末炒至出現蒜香，約 3 分鐘。

3. 把米丟進鍋裡一起翻炒至每粒都充分裹上油光。

4. 把炒好的米丟進電鍋裡，加水，再按照一般煮飯的程序煮至熟透即可。

今天的咖哩雞是印度風，印度咖哩美妙的地方在於它非常隨興，並沒有所謂標準的調味，因為印度咖哩的調味來自於一個叫做「馬薩拉 Masala」的辛香料組合，而馬薩拉就像中式的五香粉一樣，家家戶戶的組合都不同，所以對於做菜時堅持一定要「道地」的人，今天壓力可以小一點，只要用一般超市常見的「印度咖哩粉」，就能做出很「道地」的味道了，放輕鬆。

印度咖哩雞肉飯

食材			
雞腿 3 隻	洋蔥 1.5 顆	番茄 3 顆	印度咖哩粉 3 大匙
香蒜粉 1 大匙	老薑 50 克	酥油適量	匈牙利辣椒粉 1 大匙
鹽和胡椒適量	香菜 2 小片	1500ml 雞高湯	

1. 備料時先將洋蔥切丁、番茄去籽切丁、老薑去皮切片、雞腿切塊，接著在雞腿上撒上大量鹽和胡椒，並在鍋中倒進 2 大匙酥油，中大火熱鍋熱油。

2. 把雞腿肉皮朝下，煎至表面金黃酥脆，取出備用。

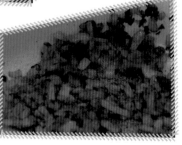

3. 接著把火調低成中小火，把鍋中多餘的油倒掉，保留約 2 大匙來炒洋蔥至洋蔥焦化呈現咖啡色（約 30 分鐘）。

4. 在焦化洋蔥裡加進咖哩粉、辣椒粉和香蒜粉，拌炒至可以聞到香料的味道（約 5 分鐘）。

5. 倒進雞高湯、薑片和番茄，大火煮滾。湯滾後調小火慢燉約 1 小時，或至雞腿入味即可。

6. 當咖哩煮好後，用一點香菜做裝飾，盛上煮好的薑黃飯，也可以再配一點法國麵包，就開動吧！

奈：「印度咖哩雖然需要經過做酥油這道繁複的程序，但這是我吃過風味最棒的印度咖哩！炒到焦糖化的洋蔥拌炒各種香料，還有切成小丁的番茄都是這道菜美味的祕訣，尤其咖哩和薑黃可預防老年痴呆，真的是一道非常療癒身心靈與大腦的料理。」

盧采葳，進美術系或舞蹈系
也不無可能的美女醫師

韓式蔬菜煎餅、番茄布雪塔、白酒煮貝

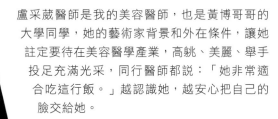

盧采葳，進美術系或舞蹈系也不無可能的美女醫師

盧采葳醫師是我的美容醫師，也是黃博哥哥的
大學同學，她的藝術家背景和外在條件，讓她
註定要待在美容醫學產業，高姚、美麗、舉手
投足充滿光采，同行醫師都說：「她非常適
合吃這行飯。」越認識她，越安心把自己的
臉交給她。

台大醫學系畢業的盧醫師小時候最想當空姐和舞蹈家（這好像是每個女孩都曾有過的夢想）。「因為小時候長得很高，長輩都說長這麼高以後可以當空姐（笑），進小學後念了舞蹈班，所以也想當舞蹈家，倒是從來沒想過要當醫生。」

盧醫師給我看了幾張她跳舞時期的照片，抬腿動作漂亮有氣勢，不愧是科班出身。讀了好幾年舞蹈班已經讓我夠驚訝，上了國中竟又轉而進入美術班（整個兒童與青春期都在開發肢體協調與美感的天賦）。畫了三年畫！高中選校挑了制服很美的那間，進了大學後加入熱音社打鼓（音樂智能也被開發）。難怪她整個人散發濃濃的藝術氣質。這些興趣一直維持到現在，下班時間都在學習中度過。

「從小我的成績並沒有特別優秀，一直到五、六年級才慢慢好轉，因為當時只要成績好，就可以得到一個芭比娃娃。」

「有研究說喜歡芭比娃娃的女生長大都比較有美感。」我說。

「真的嗎？」真的，看到那份研究我都對號入座了。「哈哈，我媽說過我很小就會自己挑衣服穿，這應該是被我媽影響吧，我媽媽非常愛漂亮，非常喜歡打扮。」從小欣賞媽媽穿搭，對美麗的追求耳濡目染。

「小時候對醫美沒有好感，因為看我媽打了紅寶石雷射後皮膚反黑。後來才明白紅寶石雷射打了本來就會反黑，那只是一個過程，之後就會代謝掉。」

醫美在十年前是個新興行業，許多技術都得靠著醫師天生的美感和興趣自學練習、充實自己。「後來怎麼踏進醫美這個圈子？」

「在安寧病房實習時，每個病人都被病痛折磨得很辛苦，醫生是很特別的角色，可以透過照顧病人去感受那些過程，不需自己去經歷，是很深刻的學習，看多生離死別，也像經歷過那樣的人生。我很喜歡親近病人，可是很怕看見病人痛苦的樣子，真的好不捨、好不忍，我很容易跟著病人痛而痛苦，所以最後決定選一個不會讓自己太傷心難過的科，考上專科執照後，學長就介紹我進醫美診所。」

剛認識盧醫師的時候，她已經是個美人，零瑕疵無毛孔的皮膚，緊緻的臉蛋，不化妝的皮膚還是像擦了粉，我以為她從小就是美人胚！難怪每個病人都指著盧醫師的臉說：「我想要跟妳一樣！」

「不是！不是！」盧醫師再秀出她大學時期的照片，哇！她對美麗的追求從來不遺餘力。曾經為了改變體型每天持之以恆地跳繩，為了保養皮膚抗痘，也做了好多努力。

「我的臉是敏感型的痘痘肌，現在還持續抗痘中。平常保養程序只有清潔、保濕、防曬，用一般的中性肥皂洗臉，每三到六

個月打一次肉毒，約兩個月打一次淨膚雷射，每天補充維他命 C……」這是美人醫師的私房保養法。

感謝時代變遷，醫療進步，讓保養變得好簡單，各種雷射儀器不斷推陳出新，功能越來越強，以前打雷射會反黑，現在已經不會，以前打雷射需要碳粉做媒介，得冒著罹癌的風險，現在也不需要。

擁有八年雷射臨床經驗的盧醫師花好多時間研究雷射儀器的打法，打在臉上的東西不能有一點閃失。「我把病人的臉當成自己的臉在照顧，我知道會來做醫美的都是很愛漂亮的人，一定很在意自己的皮膚，我會盡自己的能力幫他們。」

一台機器在盧醫師手上可以打出千變萬化的功能。她可以用雷射除斑，也可以清痘、縮毛孔，可以讓皮膚透亮，所有老化問題都可以得到改善。「雷射機器在我心中不只是雷射機器而已，每打一個雷射，腦中的光學概念是從頭到尾地翻轉一次，每一點每一個反應，都必須考慮到生物的組織反應，每個人的膚況和體質都不同，不是每一個人都適用同一套打法，也不是按表操課或簡單幾種設定就可以。」雷射就像盧醫師的新畫筆，病人的臉都是她的作品。

「美沒有一定的標準，要配合每個人的五官和體型，做整體搭配，淚溝要填多少的劑量也要做整體的考量。」渾身藝術細胞的她，真的好適合做臉型雕塑，一定可以讓病人的五官呈現最適合她比例的最好狀態，不會做出納美人的鼻子和賈不妙的下巴。

跟盧醫師在診療間的互動很有趣，她非常幽默。但到了雷射時間，盧醫師就變了一個人，就是要一口氣讓你長痛不如短痛。

「盧醫師！妳不是很怕看到病人痛嗎？怎麼下手還這麼重？」

盧醫師說：「喔，忘了跟妳說，那是大學時代的心情，現在已經相當習慣到沒感覺了。」

哈哈，不過這應該是我的問題，因為我過了四十歲就已經吃不了苦、忍不了痛，一點影子我都嚇得天驚地動。

仙女醫師除了喝露水，還會吃什麼呢？

「我喜歡海鮮類的東西，比較清爽、簡單的食物，蔬菜多點。」哈，這些訴求好像是關注體重管理的人喜歡的料理。

看有正準備什麼清爽、好吃又簡單的海鮮類食物？

今天是一個開胃菜的組合，很適合在家三五好友聚會時拿出來表現，因為它們外表看起來很厲害，但其實做法都非常簡單。

韓式煎餅是那種每個家庭都有獨門食譜的超級家常菜，加了海鮮就是海鮮煎餅，加了蔥段就是蔥煎餅，配料百搭，自由度很高。

韓式蔬菜煎餅

食材	中筋麵粉 180 克	水 200ml	黃瓜一根
	鹽 1.5 小匙	馬鈴薯半顆	蔥 3 根
	玉米粉 30 克	紅蘿蔔半根	雞蛋 1 顆
	沙拉油少許		

沾醬	醬油 100ml	米醋 1 大匙	糖 2 大匙
	麻油 1 大匙	白芝麻 1 大匙	辣椒片 1 小匙
	水 50ml		

1. 平底鍋乾煎芝麻到熱透即可（約 2 分鐘）。

2. 先把沾醬的所有材料放進鍋中小火煮開，等材料都融化在一起後，加進芝麻，關火放涼備用。

3. 馬鈴薯切絲、紅蘿蔔切絲、黃瓜去籽切絲、蔥切蔥花

4. 在大碗中打蛋，然後加進麵粉、玉米粉和水攪拌均勻，再把蔬菜丟進麵糊裡攪拌均勻。

5. 在平底鍋中均勻抹上沙拉油，中小火加熱，把麵糊均勻倒進平底鍋裡，然後耐心地慢慢煎，這階段的重點是，完全不要去碰麵糊。

6. 煎約 3～5 分鐘後，麵糊的聲音會產生變化，像是煎肉時的啪啪聲，表示麵糊底部開始變硬，可以用鍋鏟稍微翻起來檢查，等到煎成金黃色時就可以翻面，重新再來一次。

7. 煎好後移到砧板上切成想要的等分，跟著沾醬一起上菜。

番茄布雪塔

食材　大蒜 1 顆切末　　法國麵包 1 條切片　　　九層塔 8～10 片切絲　　鹽和胡椒適量
　　　　　番茄 3～5 顆　　巴薩米醋 2 大匙　　　　初榨橄欖油 4～5 大匙

1. 把番茄對切成四等分，中間的籽切掉，然後切丁，再把所有材料都拌在一起，放進冰箱冷藏 10 分鐘，讓味道融合。

2. 在平底鍋中加進少量橄欖油煎麵包，只要一面酥脆即可（約 1 分鐘），最後把番茄料放在麵包上，再撒一點九層塔絲就可以了。

白酒煮貝

食材　淡菜 5～7 顆　　　　蛤蠣 12～18 顆
　　　　　1/4 顆洋蔥切丁　　大蒜切片 2 顆
　　　　　白葡萄酒 120ml　　牛油 3 大匙
　　　　　檸檬角 1/4 顆汁　　適量巴西里切末

1. 加一匙牛油在平底鍋中，中火炒洋蔥至呈現透明狀（約 5 分鐘），注意火勢，不要讓洋蔥上色。丟進蒜片再炒約 2 分鐘，至開始出現大蒜的香氣。

2. 倒進白酒，轉大火煮滾，滾後調成中小火並放進蛤蠣一起煮，蓋上蓋子悶約 3～5 分鐘，至蛤蠣打開，取出備用。沒打開的蛤蠣就丟掉。

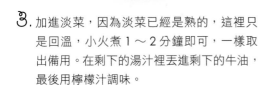

3. 加進淡菜，因為淡菜已經是熟的，這裡只是回溫，小火煮 1～2 分鐘即可，一樣取出備用。在剩下的湯汁裡丟進剩下的牛油，最後用檸檬汁調味。

4. 最後把蛤蠣淡菜放在盤底，淋上白酒牛油醬，豪邁地撒上巴西里就可以上桌了。

奈：「今天吃得超爽，韓式煎餅好容易做又好吃得不得了，自家調製的醬汁竟然這麼好吃！工作繁忙的時候來一份真的非常滿足。」

精品與平價服飾的混搭奇才 Abby

「從一個人的衣服就可看出那個人過著怎樣的人生。乏善可陳的衣服等於乏善可陳的人生！」——神保美姬，日劇リアル・クローズ（*real clothes*，翻成「真我霓裳」或「時尚女王」）。

五年多前（2009 年底），我愛上一部日劇，黑木瞳與香里奈主演的リアル・クローズ，說的是百貨公司部門裡沒有特色也沒有夢想的香里奈（飾演不修邊幅的天野絹惠），變身一線流行產業意見領袖時尚女王黑木瞳（飾演神保美姬部長）接班人的故事。

天野絹惠從工作多年的寢具部調派到既陌生又無感的流行服飾部，遇上言辭犀利、呼風喚雨、一天工作二十個小時的神保美姬部長後，重新檢視自己、整理自己，一步步找回對自己與對人生的熱情。劇中的老梗時尚變身依然是我著迷的橋段，看它千次也不厭倦。這部被形容是日版《穿著 Prada 的惡魔》，首播距今近六年，劇情依然精采動人，金句依然激勵人心。

「時尚可能改變不了世界，但一件衣服，一條裙，一雙鞋，卻可以改變一個女人，令一個女人重拾自信。」看過無數女性在

照片提供：Abby

自己巧手搭配中，綻放自信表情的神保美姬，找到這個讓自己堅持的信念，也把這個信念傳遞給天野絹惠。與神保美姬相遇，雖然蛻變的過程得先承受自尊心被電到支離破碎的折磨，但成長的速度與質感卻讓人驚艷與讚嘆。神保美姬看出天野絹惠用安於現狀的厚繭包藏著一股不可忽視的巨大能量，她企圖炸掉絹惠的那身包袱，一見面就開第一砲：「穿著無趣的衣服，人生也會變得很無趣喔。」第二砲：「人就是看外表啊，只有不面對現實的人才會說人是看內在。人的內在會完全顯現在外表，只要看外表就可以知道你是什麼樣的人。」第三砲：「為什麼要找妳來我的部門工作？如果不問別人的話，妳自己沒辦法知道嗎？」第四砲：「不了解自己的人，請用比平常多五秒的時間，看著鏡子裡的自己，看清自己有哪些缺點，自卑什麼？想改變什麼？自己有什麼，想成為什麼樣的人……

如果移開視線、不敢面對自己的話，永遠也無法展開新的人生。五年後、十年後想去哪？想做什麼？你的未來是什麼？新的自己不在別的地方，而在你心裡。」

我被打中了！想起自己多久沒好好照照全身鏡？看著鏡子裡的自己，身材不優、髮型無趣、穿著也好無趣（天，我是台灣胖版的天野絹惠），忽然想，路上不認識我的人，是不是也覺得我是一個沒有想法、沒有夢想的人？

我想做些改變，讓自己內外變得一致，若想告訴大家我有眼光和想法，至少在沒開口前就先讓別人有感覺，於是決定研究穿搭，好好整理自己的形象。爾後這議題也延伸成我開始運動健身改變身形的原因，真是萬萬沒想到時裝竟改變了我的一身和一生！

人生可不可以
也這麼華麗地變身？

研究穿搭的那一年，我認識了 Abby，我們的緣分濃得像今生非認識不可。從她的外表可想見這人對自己有多要求，精緻的妝容和一身細心思索重組過的搭配充滿想法和膽識。她的人生故事高潮迭起，跟她的穿著一樣豐富有層次。

2009 年秋天，我寫了一篇東京遊記，介紹一本非常特別的旅遊書，我在部落格寫著：「幾次去東京都靠著這本香港人謝芳芳（Abby Tse）寫的《東京食玩買終極天書》，這本書不只是旅遊書，還可當八卦雜誌看，裡面提到長瀨智也和濱崎步在哪拍拖被偷拍、鈴木京香都去 soup curry、濱崎步必逛、安室奈美惠的造型師都在此治裝、在這裡會遇到藤原紀香、木村夫婦愛吃蟻月火鍋店……諸如此類非常內幕的小道消息讓哈日的我看得入迷。書裡每個地點都會附上專家找路小提醒，徒步幾分鐘可達都貼心註記，連簡單的日文都附上去，相當好用。書皮有許多香港藝人的推薦語：『看 Abby 平時的打扮，我對這本書很有信心。』這句話很實在。雖是旅遊書，但用字很新鮮，聯結許多新聞資料，她一定常常做剪報，把這本書和自己的興趣緊密結合，很認同自己做的事，也很認真當一回事。」接著我收到本人的留言。

嘩！部落格許願功能真的好神！香港的讀者轉貼我這篇文章給 Abby，她成了我們的媒人。

本以為我們的緣分僅止於此的客套。後來我看了日劇 real clothes 深受感動，便到網路上搜尋更多同好的介紹，意外搜尋到 Abby 的部落格，部落格名稱是五月天的歌詞：我心中尚未崩壞的地方（已關閉，目前只剩 Pixnet 與粉絲頁），她整理了劇中的金句並分享自己對時裝的看法，還有對親情、友情的看法，連續看了她好幾篇文章，文筆之好，讓我決定認真去認識這個女孩！（搭訕模式啟動）於是照著部落格上留下的 email 寫了封信給她，很快得到回信（沒有石沉大海），於是開始通信成了筆友。一年後我們在香港見了面，諸多巧合（生日只差一天）與相似的價值觀、道德潔癖、高自我要求、正義感和追求夢想的熱情，讓我們以自由落體般等比極速墜入（友）情網，出社會多年還能找到一位妳能真心信她絕不會背叛自己的朋友，還是個香港人！我們是網友加遠距戀成功的例子，每天不間斷地傳訊聊天，有時間更一起旅遊，對這感情格外感動與珍惜。

認識 Abby 的時候，她已是長空旅遊出版社的副總監，穿著華麗，日文流利，對港日台明星家裡大小事如數家珍，好似從小就和他們住隔壁，實在好奇此人到底什麼來歷？（有沒有搞錯？已經相愛卻還不知道對方學經歷？）

「我出生在海南島，是家中第一個孩子，到今天父母仍津津樂道我兒時多聰明，一歲不到會行走，兩歲不到已能熟背整條村民的名字。雖然長大並沒有延續小時了了的資賦優異。」她非常努力，努力往更好的生活前進。

「三歲時搬到香港，住的地方有個非常美的名字叫鑽石山，但那裡都是最貧困的一群人。兒時的我很自卑，不跟別人提家住哪，也曾不懂事地埋怨父母為什麼不多賺些錢，我的童年在百呎多的小木屋度過，一家五口吃飯、睡覺、玩耍、做功課都在那裡。夜晚聽到消防車，我就會在睡夢中嚇得心驚膽跳，要知道一場火就可能將整排家園化為烏有。幸好，上天很眷顧我們。小時常搬家，每次都以為可以脫離這裡，卻只是相隔幾條街。直到中學我們才正式告別鑽石山。」

「現在想起，那時的生活是幸福的，日子再窮，父母也沒令我捱過苦，沒有華衣美服也穿得整潔合身。為了照顧我們，媽從未外出全職工作，從未一天不下廚，雖然金錢有些吃緊，也為我訂閱課外書，有玩具，偶爾也遊山玩水。小學靠點小天資輕易取得好成績，到了中學不夠努力，成績一落千丈，開始結交不良朋友，追求名牌潮物，家窮不夠零用，只好到麥當勞打工兼差，賺時薪十元港幣，只要工作滿四小時就可免費吃一餐。當時已經把我人生中漢堡的配額給吃完了吧。」

「在麥當勞打工是我人生中最重要的一段經歷，開啟我很多潛力。原本只是一般計時員工，後來被選為公關，專門負責幫小孩子開生日派對，本以為自己是個害羞的人，沒想到竟能主持、控制一個派對，才

照片提供：Abby

照片提供：Abby

發現原來我可以在眾人面前說話玩遊戲不害羞，後來更負責麥當勞多間新店的開幕典禮司儀。我的自信也從這裡慢慢累積。」

麥當勞的日子很快樂，但也不是 Abby 的夢想，她的夢想是當雜誌記者！（啊！跟我一樣！）就在我還在為大學聯考奮鬥時，她已經先行一步出發尋夢。

不錄用我是你的損失！

沒有學歷也沒有人脈的她，只有不認命與不放棄的堅持。她決定無論什麼職位都好，不計薪水，即使只是打雜助理，只要能沾上雜誌工作的邊便行。有天看到某電視台徵文書工作，雖不是雜誌社，但決定先闖進娛樂圈，再慢慢射中紅心。電視台工作一年後，認識一些人，發現自己不足，於是辭去工作自學進修日文等等。

「每個選擇都是影響自己未來的關鍵。我的決定沒有錯，進修畢業後，舊同事通知我，電視台的官方刊物正在招聘日文娛樂記者。我很想告訴大家，當你真心渴求一件事，一定要四處告訴別人，不要因為條件不合就打退堂鼓，寄求職信不會讓你有什麼損失。」

Abby 寄出求職信後順利進入面試。面試考題需要把一份日文報紙翻譯成中文，那是鈴木保奈美與石橋貴明閃閃電結婚的新聞，「我從小便哈日，零用錢都花在雜誌上，很多知識都從雜誌中學習。口試時我竟大言不慚地對總編輯說，『你們不聘用我是損失啊！』見慣世面的總編輯聽了也笑起來。他問：『為什麼？』我說：『因為我很八卦！』最後我成功得到這份工作。接

到電話通知錄取時，我在沙發上又跳又叫，即使已經過了二十年，我還是忘不了當時的喜悅！」天！我懂這種拚命之後美夢終於成真的興奮！當我寫下這段文字，我的情緒還是跟 Abby 一樣激動！

「我最幸福的是每份工作從未討厭過星期一。我很幸運能得到這份工作，之後也特別努力。每天早上我很早便去上班，很晚才下班，主管要我下班我也沒有離開。原本只是應徵日本娛樂記者，不到一星期，我的稿量竟有十六版。由日本娛樂、香港藝人時裝、手錶，到冷氣都有，每天都沉浸在學習新東西的興奮中。有天主管問我：『妳有沒有想過什麼時候當編輯？』我回答：『沒有啊。』主管再說：『妳一定很快會成功。』不到半年，有兩版雜誌同時挖角我，不到兩年我便升為編輯。」

照片提供：Abby

追隨主子，不追隨金子

「挖角我的那兩間新公司背景截然不同，一本主打旅遊，有大財團支持，A 老闆很出名，曾是多本雜誌主編，但感覺功利；另一本沒有任何後台，目標年輕人，B 老闆是一名暢銷雜誌的記者，給我的第一印象是死胖子，相談後發現這人腦筋轉速快、幽默、浮誇、沒架子。一般人大概會選擇穩定有財團支持的 A 公司吧，但我選擇的是人，不是公司。我決定去一間全新沒有背景的小公司。認識 B 老闆是我人生的轉捩點。他號召多位同事一起創業，用盡積蓄又貸款，後來才知道他們的資金只

照片提供：Abby

夠印刷一期雜誌的開銷，雖然有被騙上賊船之感，但這船長有本事化險為夷。B 老闆很快就找到新老闆投資。這雜誌工作自由度很大，沒人給我壓力，只是獅子座討厭輸，每星期我都想盡辦法取得獨家！一定要比其他雜誌出色。」

記得 Abby 曾說過有次一家唱片公司邀請幾家大媒體到日本採訪，獨漏他們小周刊，她竟主動出擊找對方贊助，對方不依，她卯起來：「好！你不贊助，我自己去，絕不能讓我們的讀者失望，我一定要寫得比你邀請的那些周刊更豐富、更精采、更有趣！」她好猛！也真的很有本事把文章寫得豐富又有趣！

「那趟出差，為了幫公司節省開支，我入住離車站很遠的酒店，需經過昏暗的行人隧道，一到晚上全是垃圾、宿醉的路宿者，酒店房間更沒有浴室。好幾次出國採訪，我一下飛機便回公司寫稿整理資料，但我從來不覺得苦，反而覺得很有成就感，很快樂。那時的工作主要是翻譯日本新聞，想新點子與角度去包裝，每星期我會買很多日本雜誌，希望找到別人沒發現的梗，有本歷史悠久的雜誌行家跟我說，他們老總曾興師問罪，為何我們雜誌的料他們沒有！」有這樣拼命的員工，真是老闆的福氣。

「還有一次，有日本歌手來港開記者招待會，為了不跟別人一樣，我知道隔天便是她的生日，於是神祕地準備了蛋糕，她十分驚喜與感動。」記者細膩的人格特質才是報導的靈魂啊！雖然 Abby 總說她冷酷無情，但她的情緒非常真，哭點又低，是個願意為朋友兩肋插刀的人，對老闆亦是如此。前輩子肯定是史上留名的忠臣。

不管是對感情或對工作，Abby 都堅持只要用心，多花些心思，行多一步，做多一些，就可以得到更多。在那之後，Abby 這本小公司的新雜誌終於得到肯定與承認，主動邀請他們採訪宇多田光、B'z、Luna Sea、椎名林檎和 L'arc-en-ciel 等等演唱會。

「新雜誌開創一年後，突然傳來最大股東決定不再投資的惡耗。幸運之神再度眷顧我，壹傳媒旗下年輕人雜誌問我可有興趣。身邊人都勸我轉舵，畢竟那是財雄勢大的媒體，福利好資源豐薪資也強太多。此時，我的老闆在沒有預約的情況下單槍匹馬衝上城中某富商公司，提出要求希望對方接手新雜誌。不出所料，B 老闆不只擁有出色的口才和領導魅力，更是優秀的推銷員，成功說服富商點頭接手。多巧，這富商的財團就是一開始挖角我的 A 雜誌母公司。後來我決定捨棄期期都是大胸女的壹傳媒，繼續追隨 B 老闆。」

「換了財團，我的工作性質也由本來的日本娛樂記者，轉形為本土娛樂編輯，因此有機會接觸香港及台灣的歌手與演員。接下來的日子是一段不分晝夜日夜顛倒的歲月，每星期總有數天清晨五點才下班，別人剛起床，我們才上床，不知道今夕何夕，只知道哪天埋版，哪天出書，我的座位旁，長期擺放一張摺床，好多同事也一樣，只能趁改稿空檔睡一下，一到晚上編輯部有如難民營般。節日與我無關，別人八號颱風高興偷來一天假，對不起，最看不起這種人，我卻想辦法搶計程車回公司，別人一年到晚計畫怎樣善用年假，我在雜誌的五年間，一天年假也沒有放過，離職的時候白白浪費掉。」

「我的老闆雖然幽默聰明、胸襟開闊，同時也沒紀律、沒計畫，不善理財，目中無人，很難成為大老闆的心腹，他成功當上老總，薪水超過七萬港幣，一般人可能滿足，但他不是一般人（話說回來，一般人會成為老總嗎），不安分的他，再次蠢蠢欲動，毅然離開雜誌界，在沒經驗的出版

照片提供：Abby

業再出發。我身上早刻著老闆的人，當然要捨命追隨。」

「本來有近十名下屬的我，突然間由零開始，從本來近百人的公司，變成寥寥可數的幾人，別人一定以為我們瘋了，由資料搜尋、預約採訪到寫稿，一手一腳自己負責」。老闆和 Abby 都不是一般人，能屈能伸，就是有本事做出超乎想像的成績，短短兩年，長空出版社已推出超過三十本書，並成為香港最暢銷的旅遊書。

就是因為 Abby 身上累積的八卦知識和編輯經驗，才讓那本《東京食玩買終極天書》像雜誌般一樣好看！

人生就是不斷歸零

當一切上了軌道，位高權重、高薪自由的 Abby 又想離開舒適圈，選擇開起網路商店賣衣服。我想，兜兜轉轉，迂迂迴迴，回到與時裝有關的時尚才是她真正的夢想。創業需要瘋狂，這不是一個容易的決定，尤其當 Abby 有老父老母老狗要養，身為家中經濟支柱，壓力可想而知。

買衣服不難，難的是能搭出個性和驚喜。Abby 挑的衣服總是搶眼，用精品與平價服飾混搭是她的強項，她總說，不要害怕嘗試，不要害怕別人眼光，多嘗試就會找到自己的風格和特色。

走在路上總有人讚她打扮，照片貼在網上更引來眾多詢問，開服裝店再適合不過。若有實體店面加造型建議，更能發揮她的優勢。

雖然從小就有幾次擺攤賣燈籠圍巾等做生意的經驗，現在這攤撩下去肯定玩很大，決定要做，一定要做到最好。「創業不一定要有很多資金，就像出國不一定需要很多錢一樣，大有大搞，小有小玩，前老闆是零資金開始創業，而我創業金才 5000 港幣。開網店很容易，成功卻很難，茫茫網海，每個成功的網店都不簡單。採購商品靠眼光，還要拚體力。東大門批貨日夜顛倒，空氣差，環境窄，被推被撞是正常，苦力搬貨腰累腳痛，有時更被店家無禮對待。一番折騰回到香港後要趕緊配搭拍攝，選圖修圖、描述物件、量度尺寸、上架、出貨、追貨、售後服務，每每工作到早上，全都我一人處理。」我曾陪過 Abby 批貨拍照，那真是件不容易的事，沒有團隊、沒有幫手的環境，只能靠著內心無比強大的信念和對客人的責任堅持著。

一開始 Abby 兼職網拍，借舊公司放貨，後來全職投入，租了小工作室，接著又換到大工作室。從原本只在 FB 發售，到成立官網，然後又轉換新網站。出貨最初用的是順風快遞袋，進而購買素色快遞袋，接著再訂做自家快遞袋、自家膠袋、自家貼紙、自家紅包，一切從無到有一步一步完成。每晚回覆 email 到凌晨四、五點，放假也隨身帶著電腦，每天忙到只吃一餐，有時連水都忘了喝，在沒有運動之下體重急跌到史上最低。」

這是個全新的經驗，沒人帶、沒人教。「第一次學人從韓國進貨，什麼都不懂，不懂韓語，戰戰兢兢，不知道每款要進多少件，不知道可找 agency 追貨、寄貨，不眠不休做苦力，背超過十公斤的貨回飯店，每件衣服都是血汗錢，生意最忙碌的日子，卻不是最快樂的，整個人像繃緊的弦線，每天匆匆忙忙像機器人，沒時間好好思考和沉澱，差點忘記初衷，忘記熱愛時裝的心，得時時提醒自己，調整步伐，再把自己的心拉回來。」

「創業令我失去不少，但我不會讓一切變成白白犧牲。成功的路上不擠擁，因為堅持下去的人不多。沒有創業之路是平坦的，這條路不通，便走另一條，另一條不行，再發掘新路，天無絕人路。我一直這樣告訴自己：你現在在哪裡不重要，你要前往哪裡才重要。真的謝謝朋友們一路支持陪伴，也謝謝所有支持 Secret Garden Online Shop 的客人，充滿感激。」

也許是長女的堅強，也許是獅子座打不倒的好勝性格，遇到未知的世界，Abby 總是自己摸索、自己找出口。沒有捷徑，不靠關係，只要一步一步前進，一定可以走到自己想去的地方。

誤闖公關圈還拿了亞太行銷專業大獎的名模史都

史都是我一次公關活動認識的朋友，他是我遇過最能隨時脫口秀的奇葩，學生時代就想天天party、天天 relax 的史都，意外闖入這個美麗的人生。

文／史都

一直有很多人告訴我他們想當公關，但公關到底要做什麼？當學生時，老師看你成績，做sales，老闆看你業績，在政府工作，官員看你考績，但做一個公關的審核標準在哪？我不是專家，也還在學習，但想跟大家一起來分享我的經驗，因為好笑的是我本來想當明星，沒想過要當公關。

一出道就進入這行的我其實非常幸運，由於大學念飯店管理，學校規定一定要實習，實習時主管一看到我就驚為天人，立刻問我要不要加入公關部，也因此我進入了飯店及時尚公關行業，而公關也從此成為我生活的一部分。

公關產業需要極大的熱情，因為公關就是產品的代言人。（全世界最 cheap 的代言人，領月薪，常 OT，還要受老闆氣！）但一個好公關的成就感就是來自於讓記者喜歡你，讓消費者喜歡你，讓產品從競爭對象中脫穎而出……

不過當公關就是要 social，所以不熱愛聊天的人我會建議閉關，不要做公關。年輕一點的我參加event 的時候，因為體力旺盛，所以不怕裝熟，每次看到新朋友就會賣力聊天，沒想到回到家後簡直比喝醉酒還累。後來我漸漸發現，一個好的公關是要發自內心觀察聊天的對象，認真地像交朋友那樣和對方聊天，請相信，只要是發自內心地交朋友，對方一定會有感覺。我個人很怕在一個場子要一直掃描賓客交換名片的場景，除非是郭富城和羅志祥（反正之前已經得罪過他們了，

照片提供：史都

暫時先不要把別人拖下水）。

好公關的 do and don't

當然做一個好公關也有許多需要學習的課題，以下是我覺得最重要的 do and don't：

DO——
・創造話題
・危機處理
・敏銳市場觀察力

DON'T ——
・隨便給錯誤的訊息（舉手！我做過）
・給予做不到的承諾（再舉手！我也做過）
・與人交惡（呀！我也做過）

說說 Don't 的部分，這不是看書來的，而是我的親身經驗。

照片提供：史都

Wina 是我很要好的朋友，也是新一代飯店公關的代表，雖然沒我優秀（還是要踩她一腳），但她有絕對的專業，會和她認識是因為我在某飯店當公關副理的時候，她也在附近一間五星級飯店當公關經理，我心想大家那麼近，還是請她來參觀我們飯店好了，裝熟一下，說不定以後還可以跳槽去她那。

於是我安排了幾個房型給她參觀，毫無準備的情況下就這樣和她哈啦了十幾分鐘（雖說她一直給我《穿著 PRADA 的惡魔》中祕書 Emily 的 GY LOOK），參觀後她問我你們這麼多客房，sales team 有幾個人呢？我心想輸人不輸陣回答十五個（飯店 sales team 通常不會超過八個），她當時沉默不語，接著內心開始恥笑我（這我後來才知道），這也成為現在我們茶餘飯後的笑柄之一。

我不知道我有多常得罪人，但記憶中惹毛對方大概是兩次（即使我至今仍覺得是對方的錯！）。某天有個當時剛離婚、新聞鬧很大的女藝人要借我們飯店餐廳專訪兼拍照，儘管雜誌編輯已經確定場地了，但女藝人的經理人實在太敬業，猛打電話 hunting 我堅持要再看一次場地，當然實際上也沒有不給看的理由（畢竟是個頗有知名度的女藝人），但這位經理人實在太愛「關照」我，幾乎照三餐轟炸我的電話，且讓看倌們看一下我們的對話：

經理人：「怎麼可以啊，我們家 XXX 坐在這採訪，這背景很恐怖耶。」

精疲力盡的史都：「其實你真的不用擔心，這世上有什麼比剛離婚的女人更可怕呢？」

經理人：「你知不知道你在跟誰說話？我要告你，搞清楚我們在這採訪可以帶你多少生意⋯⋯」

精疲力盡的史都：「其實真的還好，本飯店一向不需名人加持。」

當然，我沒辦法像 007 一樣，說完就帥氣轉身離開現場，於是下場就是擺桌道歉。我老闆還反過來問我是不是吃錯藥。

說了這麼多，並不是要告訴大家我有多愚蠢和囂張，而是要強調這些錯誤對我都是重要課題。我熱愛公關的行業，也相信我的經驗能夠讓我不僅成為一個更好的公關，也會成為一個越來越好的 Human Being！在此勉勵所有想當公關的人，大家一起加油吧。

國家圖書館出版品預行編目資料

敬！我們的美味人生:貴婦奈奈×創意料理主廚，從12個精采人生慢燉出的
暖心料理 / 蘇陳端，滕有正作. -- 初版. -- 臺北市：圓神, 2015.09
　　152面；18.2×25.7公分 --（圓神文叢；177）

　　ISBN 978-986-133-540-7（平裝）
　　1.飲食 2.食譜 3.文集

427.07　　　　　　　　　　　　　　　104008462

圓神出版事業機構　　　圓神出版社
Eurasian Publishing Group　　Eurasian Press

http://www.booklife.com.tw　　　　　reader@mail.eurasian.com.tw

圓神文叢 177

敬！我們的美味人生
──貴婦奈奈×創意料理主廚，從12個精采人生慢燉出的暖心料理

作　　者／蘇陳端（貴婦奈奈）・滕有正（尤金）
發 行 人／簡志忠
出 版 者／圓神出版社有限公司
地　　址／台北市南京東路四段50號6樓之1
電　　話／（02）2579-6600・2579-8800・2570-3939
傳　　真／（02）2579-0338・2577-3220・2570-3636
郵撥帳號／18598712　圓神出版社有限公司
總 編 輯／陳秋月
主　　編／吳靜怡
責任編輯／吳靜怡・韋孟岑
美術編輯／寬和創意有限公司・林雅錚
封面攝影／吻仔魚攝影工房　李國輝
內頁攝影／張芮慈・Ryan Wu・高啟航
影像協力／張芮慈・劉大維・高啟航
行銷企畫／吳幸芳・陳姵蒨
印務統籌／劉鳳剛・高榮祥
監　　印／高榮祥
校　　對／韋孟岑・韓宛庭
排　　版／莊寶鈴
經 銷 商／叩應股份有限公司
法律顧問／圓神出版事業機構法律顧問　蕭雄淋律師
印　　刷／國碩印前科技股份有限公司
2015 年 9 月　初版
2015 年 9 月　2 刷

定價 380 元　　　ISBN 978-986-133-540-7